健康 Smile
109

健康 Smile
109

不只逆轉糖尿病！
治好胰島素阻抗
遠離90%慢性病

耳鳴、肥胖、不孕、失智、骨鬆、心臟病、癌症、代謝症候群，穩定胰島素就會好！

Why We Get Sick: The Hidden Epidemic at the Root of Most Chronic Disease--and How to Fight It

班傑明・比克曼Benjamin Bikman／著
華子恩／譯

健康 Smile 109

不只逆轉糖尿病！治好胰島素阻抗，遠離90%慢性病
耳鳴、肥胖、不孕、失智、骨鬆、心臟病、癌症、代謝症候群，
穩定胰島素就會好！
Why We Get Sick: The Hidden Epidemic at the Root of Most Chronic Disease--and How to Fight It

原書作者	班傑明・比克曼（Benjamin Bikman）
譯　　者	華子恩
封面設計	林淑慧
特約美編	李緹瀅
特約編輯	張維君
主　　編	高煜婷
總 編 輯	林許文二

出　　版	柿子文化事業有限公司
地　　址	11677臺北市羅斯福路五段158號2樓
業務專線	（02）89314903#15
讀者專線	（02）89314903#9
傳　　真	（02）29319207
郵撥帳號	19822651柿子文化事業有限公司
服務信箱	service@persimmonbooks.com.tw

業務行政	鄭淑娟、陳顯中

初版一刷	2024年11月
定　　價	新臺幣480元
Ｉ Ｓ Ｂ Ｎ	978-626-7408-76-6

Why We Get Sick: The Hidden Epidemic at the Root of Most Chronic Disease--and How to Fight It
Copyright © 2020 by Benjamin Bikman. Published by arrangement with BenBella Books, Inc., Folio Literary Management, LLC, and The Grayhawk Agency
Traditional Chinese edition copyright © 2024 by Persimmon Cultural Enterprise Co., LTD
All Rights Reserved.

Printed in Taiwan 版權所有，翻印必究（如有缺頁或破損，請寄回更換）
如欲投稿或提案出版合作，請來信至：editor@persimmonbooks.com.tw
FB粉專請搜尋：60秒看新世界

特別聲明：本書的內容資訊為作者所撰述，不代表本公司／出版社的立場與意見，讀者應自行審慎判斷。

國家圖書館出版品預行編目(CIP)資料

不只逆轉糖尿病！治好胰島素阻抗，遠離90%慢性病：耳鳴、肥胖、不孕、失智、骨鬆、心臟病、癌症、代謝症候群，穩定胰島素就會好！／班傑明・比克曼（Benjamin Bikman）著；華子恩譯. --一版. --臺北市：柿子文化事業有限公司, 2024.11
　　面；　公分. --（健康Smile；109）
譯自：Why we get sick : the hidden epidemic at the root of most chronic disease -- and how to fight it
ISBN 978-626-7408-76-6（平裝）
1.CST: 胰島素 2.CST: 通俗作品
399.547　　　　　　　　　　　　113013242

柿子官網
60秒看新世界

好評推薦

國內推薦

知識即遠離疾病的力量

鄧雯心醫師，初日診所副院長

　　從我開始關注胰島素阻抗對健康的危害以來，班傑明・比克曼博士就是我特別注意到並且追蹤已久的學者，不只是因為他的背景有紮實的學術根基，自己也不斷從事生理代謝等研究，更重要的是他傳遞知識的方式非常生動但又不過度渲染。

　　儘管身為公認的胰島素阻抗專家，但是他非常謹慎地看待自己引用的文獻以及做出的結論，也不時透過最新的研究修正自己永不停歇的好奇和質疑，在比克曼博士身上，我看到所謂真正的科學，也學習到我們應該永遠抱持謙虛，以及不斷學習的心。

　　本書很適合任何一位想追求健康的人，尤其如果你聽過胰島素阻抗卻對這個名詞一知半解，那這絕對是必讀的入門好書，透過本書，你能完整瞭解胰島素阻抗的來龍去脈。最重要的是，比克曼博士有非常簡單明瞭的胰島素阻抗改善策略，知識即是力量，只要願意瞭解並改變，我們不但能知道為何會生病，更能遠離疾病，愈來愈健康！強力推薦這本必讀好書！

胰島素阻抗其實是許多慢性病的根本原因

思思醫師（李思賢），家醫科醫師

作為一名家庭醫學醫生以及熱衷於生物駭客（Biohacking）的我，每天思考的問題之一，就是如何有效地治療患者的各種疾病。當我第一次看到班傑明・比克曼這本書時，其原文書名「Why We Get Sick」讓我以為這是一本涵蓋所有疾病原因的百科全書。然而，當我真正閱讀後，才發現這本書聚焦於一個看似簡單但非常重要的主題：胰島素阻抗。

起初，我有些驚訝，甚至有一種被誤導的感覺，因為我期待的是更多疾病的複雜探討。但隨著閱讀的深入，我開始意識到胰島素阻抗其實是許多慢性疾病的根本原因。比克曼精闢地解釋了胰島素阻抗的機制，讓我們能深入瞭解疾病的發展過程。他指出，胰島素阻抗並不僅僅是糖尿病的前兆，而是許多常見但未被廣泛認識到的健康問題的基礎，例如脂肪肝、心血管疾病、失智症以及肌肉流失等。

這本書帶給我的啟示是巨大的。自從閱讀後，我開始在門診中更頻繁地檢測患者的空腹胰島素水準，無論患者的初始症狀是什麼，我發現改善胰島素阻抗往往是改善患者整體健康狀況的關鍵一步。這種方法不僅能幫助患者控制血糖，還能對抗許多看似與血糖無關的疾病。本書也提供非常實用且具體的框架，幫助讀者理解如何透過調整生活方式和飲食來提升胰島素敏感性，進而預防和逆轉許多慢性疾病，不僅對醫療專業人士具有深刻啟發，也為普通讀者提供了科學支持的建議和可行的健康策略。

我強烈推薦這本書給所有希望瞭解自身健康狀況並採取積極措施改善健康的讀者，它讓我重新認識了疾病的根本原因，並鼓勵我們以更簡單、直接的方式來管理和改善健康，我相信你們也會從這本書中受益匪淺。

改善胰島素敏感性刻不容緩

陳恬恩，中國醫藥大學附設醫院心臟內科主治醫師／助理教授

　　作為一名心臟內科醫師，我常常遇到年輕的患者來醫院，主述不明原因心悸或心跳過快、不明原因水腫或呼吸困難。病患大多已在其他科別接受詳細檢查，但是找不到原因，才轉到心臟科。

　　曾有一位年輕女性，因心跳過速和下肢水腫到我門診求助，病患被其他醫師當作自律神經失調而給予藥物控制，卻沒有任何幫助。在問完三餐內容（多半是五穀雜糧及水果蔬菜，很少吃肉，亦即高精緻澱粉、高纖和低蛋白的組合）後，我幫病人檢查空腹血糖和胰島素，空腹血糖58mg/dL（正常值：70～100mg/dL）、胰島素66μU/ml（正常值1～23μU/ml），醫院因低血糖通知病患提早回院處理，但病患因為胰島素偏高而自行前往新陳代謝科，結果因疑似胰島素腫瘤而被收住院，經歷複雜而昂貴的（還好健保幫忙出錢）檢查後，並未找到任何腫瘤。病患回到我的門診，我覺得煞是好笑，這只是單純的胰島素阻抗，卻在新陳代謝科成了懸案。這位病患的胰島素阻抗指數是9.45。

　　在給予減糖藥物並教導如何實施低碳水化合物飲食之後，病患的心跳和水腫快速改善。

　　我也需要守護心肌梗塞或冠心症的病患。依照學會的指導建議，這類病患需要吃降血脂藥，把低密度脂蛋白膽固醇控制到70mg/dL以下，來預防下次事件，但許多病患卻仍然年年住院，因為血管支架內再狹窄，或是為新病灶進行疏通。冠心症復發最大原因，是病人的精緻澱粉和高果糖飲食習慣沒有改變──胰島素阻抗沒有處理，膽固醇降得再低也是枉然。

　　針對心臟衰竭的病人，除了使用心衰藥物來減少心臟的負荷，2021年

歐洲心臟學會、2022年美國心臟學會均已建議：無論病患有無糖尿病，排糖藥SGLT2i應做為第一線用藥開立給病人，臺灣健保局於2022年也開始給付於收縮功能低下的心衰竭病人。2024年，心臟學會也大力呼籲，收縮功能正常的心衰病人也可以考慮自費使用排糖藥——沒錯，許多心臟衰竭的病人同時也有胰島素阻抗的問題，因此，排糖藥的確可以幫助病人，但藥物只有六個月的甜蜜期，而且藥物的副作用（脫水、電解質低下）也不容小覷，如果不改變飲食，長期下來，藥物的效果仍然有限。

胰島素阻抗是可逆的！身為生酮友善的醫師，我強烈建議提供班傑明‧比克曼博士這本書給病患和醫療同仁閱讀。本書深入淺出地剖析胰島素阻抗的根源及其對人體健康的廣泛影響，也代替了教科書提供清晰的解釋和簡單實用的解決方案——低碳水化合物飲食和間歇性斷食。這兩項簡單的策略，已在多項研究中被證實能改善胰島素敏感性，從而逆轉慢性病的發展。臺灣的日常飲食傾向高碳水化合物，街頭巷尾的早餐店、飲料店和林立的便利商店，讓三餐外食的朋友陷入胰島素阻抗的泥沼。自己的健康自己來，改善胰島素敏感性刻不容緩，這本書正是我們所需要的。

想要健康，從認識胰島素阻抗開始

Martyn（陳世修），健身教練，著有《生酮哪有那麼難》

肥胖一直是健康的殺手，可以說肥胖本身就是一種病徵，所以你找不到健康的胖子。早期我們認為肥胖是因為吃得太多，但吃太多只是結果，為什麼吃太多才是原因，如果沒有辦法瞭解原因，我們就不可能打贏這場戰爭——這一切的關鍵就是胰島素。

胰島素在所有荷爾蒙裡面的優先等級非常高，這也就是說，胰島素往

下影響非常多其他的荷爾蒙運作,胰島素運作不正常,其他荷爾蒙就會跟著失衡。

更進一步來說,胰島素幾乎影響著我們身體大部分的機能運作,舉凡:肥胖、肌肉流失、老化、糖尿病、骨骼問題、癌症、高血壓、腎臟病、生殖系統問題、失智症等等,都繞不開出錯的胰島素,所以,若想要健康,我們就必須從認識胰島素開始。這是一個會顛覆過去主流醫學觀念的旅程,但如果你不知道,就不太可能打贏這場戰爭。

很高興有愈來愈多的先驅願意出來打這一場對抗主流利益的戰爭,稍微查查看胰島素在美國一年能獲得的利益數字有多麼龐大,就知道這真的是非常需要勇氣的一件事。

本書在胰島素介紹方面十分的全面,幾乎將涵蓋到的部分都用了簡單易懂的方式來說明,非常推薦大家入手收藏。

具名推薦

郭漢聰醫師,「身與心的平衡」網站站長

國外好評

已開發國家人民健康方面的頭條新聞,往往讓閱讀者心生沮喪,因為心臟疾病、糖尿病、帕金森氏症和阿茲海默症等神經退化性疾病的患者人數,全部都在增加。

雖然現在我們對這些疾病的瞭解比過去任何時候都來得多，但我們幾乎束手無策。然而，如果這些症狀和疾病並非各自獨立且毫無關聯，反而某一種生理狀態——飆升的胰島素濃度——才是所有痛苦背後的推手呢？在本書當中，班傑明・比克曼揭露了現代疾病的根源，並提供一份簡明的指南來協助你重返或維持健康。

勞勃・沃爾夫（Robb Wolf）
《紐約時報》暢銷作家，著有《風靡全美！舊石器時代健康法則》

本書對於瞭解「胰島素阻抗是慢性疾病與老化的根本原因」這方面有著獨一無二且嚴謹的貢獻，比克曼博士為科學家、尋找重返健康之路的讀者寫下一本文筆優美且十分通俗易懂的著作。

妮娜・泰柯（Nina Teicholz）
科學新聞記者，著有暢銷書《令人大感意外的脂肪》

是讓「胰島素阻抗」成為公共詞彙的時候了。現今竟然有這麼多人都沒有意識到，這個普遍存在、會帶來嚴重後果的狀況是重大問題，而這正是本書所要著手解決的問題。

阿西姆・馬爾霍特拉（Aseem Malhotra）博士
心臟科醫生、實證醫學教授

本書有深入徹底的研究，也有旁徵博引的豐富文獻，在瞭解胰島素阻抗以及它如何影響體內幾乎每一種系統方面，是一本全面且不可或缺的入門書。比克曼博士不僅針對胰島素阻抗如何發生、為何發生提供簡單易懂的指南，同時它也是一本治療手冊。如果你想要瞭解當前在工業化國家肆

虐之大多數疾病的根本原因，以及如何治療這些疾病，本書是你的最佳選擇。強烈推薦！

麥克・伊迪斯（Michael R.Eades）醫學博士
暢銷書《蛋白質的力量》共同作者

幾乎每一種我們現在正在對抗的慢性疾病，胰島素阻抗都是其背後的基礎，這些慢性疾病最終讓我們在醫療保健支出上耗費無數億美元，並為人類帶來無盡的痛苦。班傑明・比克曼教授成功地清楚解說，胰島素阻抗在疾病中所扮演的角色、它如何影響我們的身體，以及最重要的——我們如何修正它！他所提出的觀點都有科學參考文獻背書；儘管本書以科學為重點，但對所有讀者來說都非常易於理解且相當引人入勝！

尚恩・貝克（Shawn Baker）醫學博士
《肉食飲食法》作者、MeatRx.com執行長

比克曼教授對人類新陳代謝科學的全面總結——胰島素阻抗是頭號公共健康大敵——提供鐵證。無論讀者感興趣的是減少多餘的身體脂肪、讓大腦功能最佳化、預防心臟疾病、降低癌症風險或改善生育力，這本專業的研究報告不遺餘力地提供了說明。很少有作者具備將資料連接起來的專業知識和能力，讓醫療保健專業人員、研究人員和精通科學的大眾都能信任。毫無疑問地，這本周密的參考書會在未來幾年內成為一項寶貴資源。

喬治亞・埃德（Georgia Ede）醫學博士
營養精神醫學家

好評推薦　3

序言 / 前所未聞的流行病　傑森・方　16

前言 / 我們可以戰勝胰島素阻抗　班傑明・比克曼　20

　　我如何成為「胰島素阻抗」專家？　21

　　如何知道自己是否罹患胰島素阻抗？　23

　　如何閱讀這本書？　24

 Part 1 為什麼要認識胰島素阻抗？

01 / 什麼是胰島素阻抗？　28

　　認識胰島素　30

　　胰島素阻抗的定義　31

　　重葡萄糖而輕胰島素的理由　33

　　檢測胰島素能提早發現是否罹患糖尿病　37

02 / 破壞心臟健康　40

　　胰島素阻抗會直接導致高血壓　41

　　鹽分和水分積滯｜增厚血管壁｜血管無法擴張｜血管狹窄｜血脂不健康的變化｜動脈粥狀硬化

　　心肌病變和胰島素阻抗　51

03 / 對大腦與神經的負面影響　53

　　從胰島素重新理解阿茲海默症　54

　　胰島素導致「澱粉樣蛋白斑塊」累積｜胰島素阻抗使Tau蛋白過度活化｜新理論：葡萄糖代謝減退

　　血管性失智症與胰島素阻抗的強大關聯　59

帕金森氏症與胰島素　60

偏頭痛與胰島素　62

神經病變與胰島素　62

04 / **干擾生殖健康**　64

女性生殖健康與胰島素　65

妊娠糖尿病｜子癲前症｜嬰兒體重過重與過輕｜母乳供應不足｜多囊性卵巢症候群｜生育治療與胰島素

男性生殖健康與胰島素　74

影響精子生成｜勃起功能障礙

青春期與胰島素　77

營養過剩與性早熟

05 / **增加癌症風險**　82

讓癌細胞失控生長的二大因素　82

乳癌與胰島素阻抗　84

攝護腺癌與胰島素阻抗　85

大腸癌與胰島素阻抗　86

06 / **胰島素是老化的肇因**　88

皮膚與胰島素阻抗　90

黑棘皮症｜皮膚贅瘤｜牛皮癬｜痤瘡

肌肉功能與胰島素　93

肌肉流失｜纖維肌痛症

骨骼、關節與胰島素　96

骨量減少｜骨關節炎｜痛風

07 / **影響消化道與腎臟健康**　101

消化作用與胰島素　101

逆流性食道炎｜胃輕癱

肝臟與胰島素　104

高脂血症｜非酒精性脂肪肝疾病

膽囊與胰島素　109

膽結石

腎臟健康與胰島素　112

腎結石｜腎衰竭

08 / 造成代謝症候群與肥胖症　116

肥胖症與胰島素阻抗錯綜複雜的關係　118

我們為什麼會變胖？　119

Part 2 是什麼引起胰島素阻抗？

09 / 老化和遺傳的影響有多大？　124

遺傳　125

種族背景

老化　128

女性老化的荷爾蒙變化：更年期使胰島素阻抗增加｜男性老化的荷爾蒙變化：睪固酮的問題

10 / 荷爾蒙如何導致胰島素阻抗？　131

過多胰島素導致胰島素阻抗　131

腎上腺素、皮質醇與胰島素　135

甲狀腺荷爾蒙對胰島素敏感性的影響　137

11 / 當肥胖症導致胰島素阻抗　140

脂肪儲存位置很重要　140

脂肪細胞尺寸也很重要　143

為什麼脂肪細胞會變肥大？｜不只是導致胰島素阻抗

異位性肥胖症　148

脂肪肝｜脂肪胰｜脂肪肌

12 / 發炎反應與氧化壓力的影響　152

發炎反應驅使胰島素阻抗發生　152

肥胖症的發炎反應

氧化壓力真的有影響嗎？　155

13 / 生活方式帶來的問題　157

我們吸入的東西　157

空氣污染｜香菸煙霧

我們吃下的東西　161

麩胺酸鈉（味精）｜石化產品｜殺蟲劑｜糖和人工甜味劑｜脂多醣｜鹽分過少｜飢餓

我們的行為　168

睡眠｜久坐不動的生活方式

Part 3 如何扭轉胰島素阻抗？

14 / 身體活動的重要性　174

一定要動起來　175

有氧運動對比於重量訓練　177

運動強度也很重要　178

15 / **提高胰島素敏感性的飲食**　183

限制熱量有幫助嗎？　184

熱量限制對胰島素阻抗的影響不明確｜高膳食纖維如何？

間歇性斷食或限時進食法　190

少量多餐反而不好？｜斷食的好處｜黎明現象

限制碳水化合物　196

碳水化合物與胰島素阻抗｜碳水化合物的品質與數量｜葡萄糖不耐｜飽和脂肪與多元不飽和脂肪｜氧化壓力與發炎反應

生酮飲食　207

生酮作用vs酮酸血症｜酮體的營養補充

體重控制　210

16 / **藥物和手術的介入**　219

治療胰島素阻抗的常見藥物　219

減肥手術和胰島素阻抗　222

17 / **實用的改善計畫**　225

確認胰島素阻抗的程度　225

測量胰島素濃度的方法｜很難申請到胰島素血檢時怎麼辦？

如何決定生活調整的方向　230

用運動來增加胰島素敏感性　231

該進行什麼類型的運動？｜運動頻率、運動時長、何時運動｜鍛鍊強度應該多強？

用進食維持低胰島素濃度　236

如何控制碳水化合物？｜優先攝取蛋白質｜用脂肪達到飽足｜

注意進食時間｜其他有用的建議｜給每頓飯的指南

結語 / 採取行動的時刻到了 259

附錄 A / 每日運動計畫 261

　　星期一：推拉練腿日　262

　　星期二：推動上肢日　262

　　星期三：有氧運動和腹部日　263

　　星期四：推動練腿日　264

　　星期五：推拉上肢日　264

　　星期六：有氧運動和腹部日　265

附錄 B / 擴充食物列表 266

　　控制胰島素的各種食物列表　266

　　線上資源　268

前所未聞的流行病

傑森・方（Jason Fung）

在上一個世紀，醫療科學已經取得相當大的進步。1900年時，位列前三名的殺手疾病是肺部感染（肺炎或流行性感冒）、結核病和消化道感染。因此，如果你在1900年問「我們為何會生病？」這個問題，得到的答案將會一面倒——感染性疾病。如今，這個答案已經不再正確了。隨著衛生設施和個人衛生習慣的改善，以及抗生素和抗病毒藥物等神奇藥物的出現，感染疾病不再導致大規模的死亡。

現在如果再問「我們為何會生病？」這個問題，答案將會截然不同。名列前二的死因以及前七大死因中的五項（心臟疾病、癌症、腦血管疾病、阿茲海默症及糖尿病），都與慢性代謝性疾病有關。在過去幾十年中，這些疾病的病例持續增加。這究竟是為什麼？你即將在本書瞭解到，很多疾病都歸結於一個根本原因：胰島素阻抗和高胰島素血症（血液中有過多胰島素）。等一下！或許你會想問：這裡有兩個根本原因吧？答案是否定的，因為胰島素阻抗和高胰島素血症其實是同一回事，就像一枚硬幣的兩面，差別只在於你如何看待它。

身為一名腎臟專科醫師，我專精腎臟疾病：而導致腎臟疾病的最常見原因，就是第二型糖尿病。在短短30年之內，被診斷出糖尿病的患者增加了4倍，而我，親眼目睹它的災難性影響——不只影響我們的腎臟，第二型糖尿病患者的心臟疾病、中風、癌症、失明、神經受損、截肢和慢性感染等風險，全都大幅增加。

所有慢性疾病都牽涉到許多不同的原因和因素，但我們知道，第二型糖尿病——高胰島素血症與胰島素阻抗的典型狀態——是最大因素（註：作者認為「第二型糖尿病」就是「胰島素阻抗」，這兩個詞可以互相取代，所以這裡說「第二型糖尿病」是許多慢性疾病的「原因」是合乎本書邏輯的，至於作者為什麼這麼說，第一章會進一步說明），而我們對糖尿病的根本原因瞭解不足，這正意味著我們診斷和治療方針完全錯誤。患者只有在血糖不受控制時才會被診斷為糖尿病，但是，這種疾病的發生原因——過重的體重和胰島素阻抗的增加——早在醫師做出診斷前就已經出現！

就像班（註：「班」是「班傑明」的小名）在本書中的解釋，我們需要考慮的是胰島素；胰島素阻抗是糖尿病的先兆，而且與許多其他疾病有密切關聯。班將胰島素阻抗與發生在頭部、心臟、血管、內臟和人體更多部分的問題連接在一起，勾勒出一幅為何慢性疾病正在增加、而我們能對此做些什麼的圖像——這也正是班身為一名教授和科學家（還有作家），其專業真正發光發熱之處。

我第一次見到班，是在一場我們兩人分別都要上臺報告的國際營養學研討會上。

當時，我報告的主題是間歇性斷食對肥胖症和第二型糖尿病（兩者都是高胰島素血症的主要疾病）的臨床效益；班則演示胰島素的基礎分子程序及其對健康與疾病所造成的影響。班在他的實驗室中科學系統化地研究

了我在臨床上所看到的現象，因此，看著他在臺上解釋我在病人身上看到的許多代謝效益，我立刻留下深刻印象。

班學識淵博且善於表達，能夠兼具這兩項特質的人並不多。顯然他已經徹底瞭解胰島素，也善於將那些知識變得簡單易懂，有利於傳達給非專業的聽眾。後來我又聽了幾次班的講座，每次都留下深刻印象，也學習到新知。班的思維敏捷，且能直指問題核心，不會因為其他令人分心的事物而迷失。現在，他將在本書中展示所發現的知識。

和班一樣，我也是一名作家，我在書裡探討導致體重增加的原因，以及這如何與第二型糖尿病發生關聯。《肥胖大解密》和《糖尿病大解密》特別強調胰島素，以及當體內胰島素過多時會發生什麼事。在本書中，藉由確認胰島素是導致我們罹患慢性疾病的原因，班著手應對的，是類似、但涉及範圍更加且極為廣泛的問題——但出人意外的是，其中絕大部分都可以追溯到班所說的「一種從胰臟產生、平凡無奇的荷爾蒙」。為了清晰地描繪這種荷爾蒙，以及它對我們整個身體帶來的深遠影響（不論是健康狀況良好或生病時），班匯整了數量驚人的研究。

從偏頭痛、脂肪肝、高血壓到失智症，胰島素在眾多疾病中扮演關鍵角色，不幸的是，這些疾病正變得非常常見。班展示了將胰島素阻抗與這些（更多的）似乎各不相關的健康問題連結在一起的科學研究，而且，就和其他許多健康失調一樣，胰島素阻抗非常常見；一項最近的研究顯示：高達85％的美國成人可能有胰島素阻抗的問題，而許多其他國家的情況可能類似或更糟。

本書不只對這種重要但鮮為人知的疾病（即胰島素阻抗）敲響警鐘。一個人若患有胰島素阻抗卻不加以治療，後果將十分糟糕，縱然如此，出現胰島素阻抗並不代表被宣判死刑，我們其實有簡單且具科學根據的方法

能逆轉病情或預防胰島素阻抗的發生，而且這些方法完全不需要服用更多藥物、進行更多手術，也不用接受更多醫療植入物——解決方法就存在於我們的飲食和生活方式中。

這並不是另一個要你少吃一點熱量並開始慢跑的忠告。班將帶領我們遠離這種失敗的「少吃多動」、以熱量為基礎的方法，轉而採取更細緻入微、以胰島素為基礎的生理觀點。班的合理策略專注在簡單但效力強大的飲食與生活方式，好讓胰島素濃度恢復正常。雖然班分享的部分證據支持常規的醫療做法，但他向讀者揭示一項重大的事實：胰島素阻抗在很大程度上是我們日常選擇的結果。因此，我們的生活方式既是罪魁禍首，但在獲得一些有益且非常規的見解時，也是治癒疾病的良方。

是的，胰島素阻抗可能是「你前所未聞的流行病」。但如果我們想制止肥胖症、糖尿病、阿茲海默症、心臟疾病和更多病症不斷攀升，是時候更密切關注胰島素了，並且也應該認知到：良好健康的關鍵已然掌握在你的手中。

前　言
我們可以戰勝胰島素阻抗

　　我們生病了。這是遍及全世界的現象，我們掙扎對抗著過去很少見的疾病——而且比較常打敗仗。每一年，世界各地大約有1000萬人死於癌症，將近2000萬人死於心臟疾病。全球另外還有5000萬人患有阿茲海默症，而且差不多有5億人患有糖尿病。

　　在這類疾病變得日益常見的同時，其他不那麼致命的疾病也在增加。全球大約有40％的成年人被認為體重過重或肥胖。不僅如此，近半數過45歲以上的男性，其睪固酮濃度低於最佳濃度；而將近10％的女性承受著經期不規則或不孕之苦。

　　雖然看起來似乎毫無關聯，但這所有以及更多的疾患確實有一項共通之處——胰島素阻抗在不同程度上導致問題發生、使其惡化。

　　你可能也有胰島素阻抗的問題——而且是非常有可能！最近的一項研究顯示，全美高達85％的成年人可能患有胰島素阻抗，此外還要再加上墨西哥、中國和印度的半數成年人，以及歐洲與加拿大超過三分之一的成年人。這個問題至少在太平洋群島、北非和中東都普遍存在。

事實上，**胰島素阻抗是全球最常見的健康失調**，每年受其影響的成人和兒童人數超過其他疾病。然而，大多數人對「胰島素阻抗」一詞並不熟悉，或者即使聽過也不瞭解。這並不使人意外——我是一名生化科學家和教授，目前正專注於胰島素阻抗的研究。但在此之前，我也對這種病症渾然無知。

我如何成為「胰島素阻抗」的專家？

如果你正想提出疑問：要是胰島素阻抗如此常見，那為什麼沒有聽說更多關於這個問題的訊息？你其實不是唯一感到困惑的人，就連我自己，本來也不熟悉胰島素阻抗，直到我的專業學術興趣將我拉往那個方向。即使當時尚未對胰島素阻抗展開研究，但我很快地因為興趣而轉移到這個議題上。

和現在一樣，肥胖症在西元2000年初也受到相當多的關注。在讀過一篇討論「脂肪組織如何分泌荷爾蒙至血液當中，並影響身體其他部位」的學術文章之後，我便深受這個議題所吸引；我想要知道更多！

我原本的研究重心放在「肌肉如何適應運動」，但那篇文章讓我對身體如何適應肥胖症非常感興趣；人體真的非常令人感到驚嘆，即使處於肥胖症這類不健康的狀態之下，仍然會堅定地持續運作（不幸的是，就像你即將獲知的，<u>並非所有的適應都是有益的</u>）。我閱讀的文章愈多，就發現有愈多證據顯示：隨著身體脂肪的增加，身體也變得對胰島素有抵抗性，或是對荷爾蒙的反應愈發不敏感。

在我的研究開始觸及胰島素阻抗「源頭」的表面時，對於胰島素阻抗如何轉而導致其他疾病仍然一無所知。

直到我成為一名大學教授後才終於覺醒，意識到其中的關聯。

我的第一個教學任務，是為大學生講授一門叫做「病理生理學」的課程——內容聚焦在：我們的身體系統在生病或受傷時會如何運行。做為一名科學家，我一直在研究「是什麼導致胰島素阻抗」，然而在當時，胰島素除了是第二型糖尿病的前兆、與心臟疾病間有牽強附會的關係之外，我並不真的認為胰島素阻抗與慢性疾病有關。

從一開始為課程整合講課內容時，我就盡可能地將重點放在胰島素阻抗，以發揮我的優勢。同樣也在那個時期，我的眼界大開。我記得特別清楚的事情是：那時我正在準備講授關於心血管疾病——全球首要死因——的課程內容，我找到無數強調胰島素阻抗能以許多不同途徑直接導致高血壓、高膽固醇、動脈血栓和更多疾病的科學文獻，並因而大感震驚——這其中的關聯匪淺！

於是，我開始嘗試找出胰島素阻抗存在於其他疾病的證據，並發現到**胰島素阻抗出現在幾乎每一種慢性疾病中**（你將會在本書看到，胰島素阻抗有特別高的機率，會出現在以大量加工和人工食品為主的飲食所造成的慢性疾病中），胰島素阻抗會導致糖尿病以外的疾病！我從來沒有真正意識到這個事實，而這樣的我竟然被公認為是胰島素阻抗方面的專家！

在因為自己缺乏知識而大感羞愧的同時，對於大多數其他科學家與醫師都和過去的我一樣無知的情況，我也感到十分驚訝。如果其他生物醫學專業人員都沒有意識到胰島素阻抗是大部分常見慢性疾病的單一病因，我想一般民眾對這個事實很可能一無所知。

我很疑惑，為什麼**胰島素阻抗在討論健康議題的時候並沒有更經常地被提起**，但隨著時間過去，我也瞭解到，人們要體認到這個問題的嚴重性，就得梳理成千上百份科學期刊和文獻、理解其中的術語，而且還要能

將當中的線索聯繫起來;更困難的是,他們還要有本事把研究的發現轉化成生活實踐——難怪認知到胰島素阻抗嚴重威脅性的人會如此稀少!

近來,隨著這個問題及其影響的範圍變得前所未有的明顯,我開始受邀討論我的研究。從那時起,我得以藉由公開的受邀演講、網路廣播訪談和YouTube的討論,向全世界分享這個訊息,只是,再多演講也無法給我足夠的時間說明這個課題的各種面向,因此,本書便有了用武之地。

我的主要目標是揭密胰島素阻抗的科學,好讓任何人都能理解胰島素阻抗是什麼,還有為什麼它是危險的。我想為你們裝備如何預防、甚至逆轉胰島素阻抗的知識,這些知識全都奠基於完善且已發表的科學證據上。此外,我還想傳授給你預防疾病的方法——只需簡單改變你的生活方式,而不需要開立處方。

我在本書中引以為據的研究,是由全球各地上百個已鑽研這個問題長達一世紀的不同實驗室和醫院所進行和發表的。做為一名作家兼科學家,我發現這樣的證據來源很令我感到自在——我在本書中撰寫的內容,沒有一項是基於我的個人主張,相反的,它們全是已發表、經同儕審核的科學事實(所以,如果你發現這些結論有任何不合適之處,恐怕你必須要能夠提出初級證據〔註:又稱「第一手證據」〕)。

如何知道自己是否罹患胰島素阻抗?

如同我曾經提過的,許多醫事專業人員並不知道胰島素阻抗有多麼普遍,也不知道它會導致許多問題,還有最重要的——不知道如何辨識它。因此,**即使醫師從未向你提起胰島素阻抗,也不見得你沒有相關的問題**。而若要對你的風險程度有些概念,請回答這些問題:

- 你的腹部是否有多餘脂肪？
- 你是否有高血壓？
- 你是否有心臟疾病的家族病史？
- 你的血液三酸甘油酯是否很高？
- 你是否很容易水腫？
- 你的皮膚是否有深色斑塊，或是在頸部、腋窩或其他部位有小突起（皮膚贅瘤）？
- 你的家族成員是否有人罹患胰島素阻抗或第二型糖尿病？
- 你是否患有多囊性卵巢症候群（發生在女性）或勃起功能障礙（發生在男性）？

　　上述所有問題都顯示與胰島素阻抗間具有某些關聯。如果你對其中一個問題的答案是「是」，你就有可能患有胰島素阻抗；如果你對任二個或更多問題的答案是「是」，我可以確定你患有胰島素阻抗。不論你是前者還是後者，閱讀本書都會對你有所幫助。

　　請好好閱讀本書，好好瞭解這個全球最常見的健康失調，好好瞭解為何它如此普遍、為何你該關心胰島素阻抗這個問題，以及你能對此做些什麼。是時候換個角度看待你的健康狀況了，同時，你也能藉由將重心放在胰島素上，更明確地瞭解自己是否正面臨罹患胰島素阻抗的風險，並處理潛在問題。

如何閱讀本書？

　　要充分利用本書，需要記住我之所以寫這本書的三個理由：

①為了幫助人們熟悉胰島素阻抗這種全球最常見的健康失調問題。

②為了提供胰島素阻抗與慢性疾病有關的資訊。

③該如何應對這個問題。

這三個目標,被劃分成本書的不同「部分」。

〈為什麼要認識胰島素阻抗?〉是第一部,描述胰島素阻抗,以及因為胰島素阻抗所導致的許多疾病和健康問題。

如果你對胰島素阻抗和無數慢性疾病之間的關聯性已經非常熟悉,反而對它的起源比較感到好奇的話,可以直接跳到第二部〈是什麼引起胰島素阻抗?〉。

如果你已經瞭解胰島素阻抗的成因和後果,而急切地想瞭解處理胰島素阻抗最好的飲食策略,以及支持這些策略的科學基礎,那麼你可以直接閱讀第三部〈如何扭轉胰島素阻抗?〉。

當然,對大多數的讀者,甚至是那些自認為已經知道胰島素阻抗是什麼、為什麼重要的讀者來說,我還是比較建議從頭開始閱讀——你所不知道的胰島素阻抗,絕對會讓你大吃一驚。

正是因為有這麼多的疾病都與胰島素阻抗有關,所以這本書有很大一部分被我專門用來探討胰島素阻抗如何讓我們病得非常、非常嚴重。許多我們即將談到的疾病——第二型糖尿病、心臟疾病、阿茲海默症,還有某些癌症——都非常嚴重,而且沒有已知療法,所以有時候你可能會覺得自己在看恐怖小說。

不過,請不要感到絕望!儘管所有重大慢性疾病的根源都來自胰島素阻抗,但胰島素阻抗可以預防、甚至也是可以逆轉的,針對這一點,我會進行鉅細靡遺的探討。

儘管你在讀到這裡時，可能會感到恐慌，但至少本書會有一個圓滿的結局——

　　我們可以反抗，我們有以科學為基礎的解決辦法做為武器，我們可以獲得勝利。

Part 1

為什麼要認識
胰島素阻抗？

01
什麼是胰島素阻抗？

胰島素阻抗是一種你可能從未聽說過的流行病。我們許多人都對它不太熟悉，而由於我們對它缺乏認識，也掩蓋胰島素阻抗實際上有多麼普遍的事實：已知全美的半數成年人患有胰島素阻抗，以及每3名美國人當中，就有1人有罹患相關疾病。但我認為，可能有高達88％的成人都有胰島素阻抗！

更令人不安的是，胰島素阻抗在未來會變得更加普遍——這不只是區域性的問題。當我們觀察這個流行病在全球的趨勢時，情況看起來甚至更

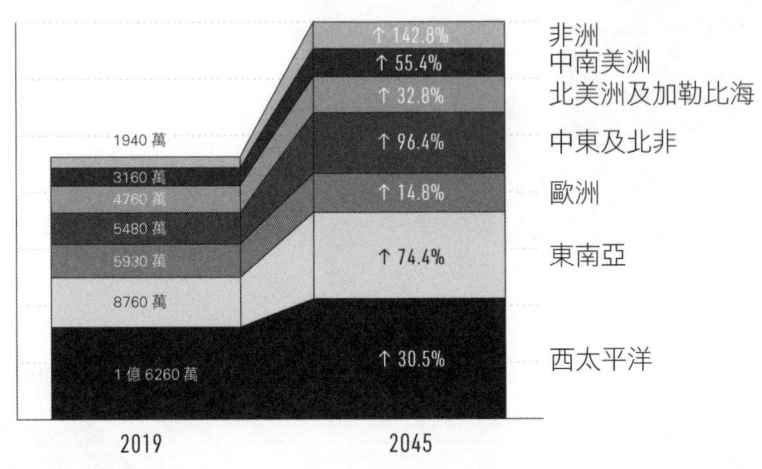

按區域劃分，目前已發生與預期的糖尿病病例

（資料來源：國際糖尿病聯盟）

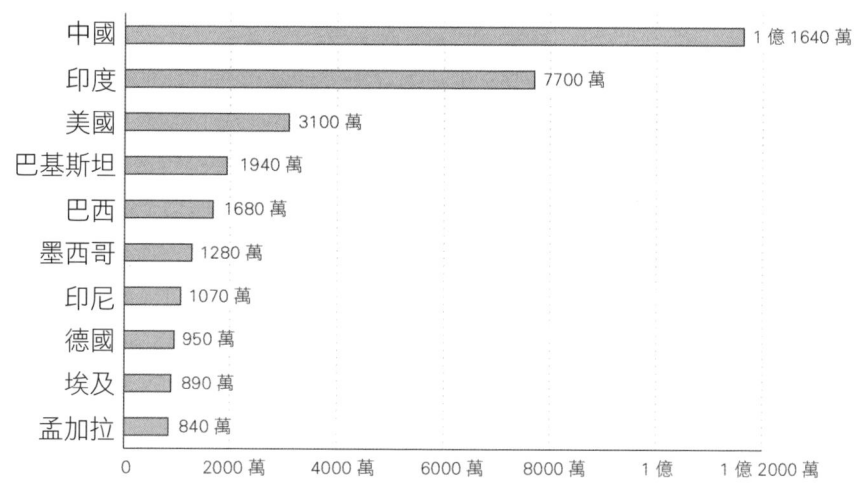

2019 年成人糖尿病患者人數排名前十的國家

（資料來源：國際糖尿病聯盟）

為嚴苛：所有罹患胰島素阻抗的人，當中有80％生活在開發中國家，而且與美國的情況一樣，中國和印度半數成年人都患有胰島素阻抗。然而，胰島素阻抗在全球流行的趨勢，並不是現在才開始的，根據國際糖尿病聯盟的說法，全球胰島素阻抗的病例數量在過去30年間成倍增加，而且可能會在不到20年內再增加1倍。

　　胰島素阻抗在過去是一種富貴病（但我偏好稱為「繁榮之災」），也就是說，這是一種主要只影響有錢老年人的疾患。然而，近來這樣的趨勢丕變，甚至出現4歲兒童罹患胰島素阻抗的記錄（而且高達10％的北美兒童患有胰島素阻抗）。此外，從患有胰島素阻抗的總人口數來看，低收入國家已經超過高收入國家。

　　更糟糕的是，**絕大多數患有胰島素阻抗的人並不知道自己患病，而且從未聽說過胰島素阻抗**！因此，如果我們要對抗胰島素阻抗不斷升高的全球發生率，還得先解決眼前這個問題——讓人們瞭解胰島素阻抗。

認識胰島素

在瞭解胰島素阻抗之前，我們需要透過討論胰島素確立基礎。許多人認為，胰島素只不過是糖尿病患者的一種治療藥物，但事實上，胰島素是一種會在我們體內自然生成的荷爾蒙，除非我們患有第一型糖尿病（稍後會對此進行更多說明）。

和大多數荷爾蒙一樣，胰島素是一種蛋白質，在身體的某一部位被製造出來，透過血液循環被運送，並且對身體的其他部位產生影響。胰島素是在胰臟這個塞在胃部下方的小小器官中被製造出來的，最為人熟知的作用，就是調節我們的血糖濃度。

當我們食用會增加血糖的食物時，胰臟就會釋放胰島素到血液當中，然後胰島素便能「開啟門戶」，讓血液裡的葡萄糖進入到身體各個不同部位，例如大腦、心臟、肌肉和脂肪組織。然而，胰島素的作用不只是調節血糖，它對身體每個組織當中的每一個細胞都有影響──這可是數量相當龐大的目標對象！胰島素的這個特性，在荷爾蒙的作用方面幾乎是前所未聞：一般來說，荷爾蒙只會影響一個或少數幾個器官，但胰島素卻不是這樣，它強硬的控制手段，可說觸及每一個細胞。

胰島素的具體效應取決於細胞。舉例來說，當胰島素與肝臟細胞結合時，肝臟細胞就會製造脂肪（以及其他物質）；當胰島素與肌肉細胞結合，肌肉細胞就會製造新的蛋白質（以及其他物質）。從大腦到腳趾，胰島素調節細胞如何利用能量、改變細胞的大小、影響其他荷爾蒙的生成，甚至決定細胞的生死。在所有胰島素的影響中，共通點就是胰島素讓細胞能用較小的物質製造出更大的物質，此一過程稱作「合成代謝作用」──胰島素是一種合成代謝荷爾蒙。

大腦：利用葡萄糖提供能量、促進神經生長
耳朵：利用葡萄糖提供能量、維持聽覺
心臟：能量的使用、心臟的大小、降低血壓
肌肉：能量的使用、肌肉蛋白質的生成、肌肉的大小
脂肪：葡萄糖轉化為脂肪、脂肪儲存、生長
肝臟：葡萄糖的儲存、脂肪的生成
睪丸／卵巢：正常的性荷爾蒙生成
骨骼：能量的使用、生長
神經：利用葡萄糖提供能量、促進生長

胰島素在人體各部位的眾多功能

顯然，胰島素是很重要的──當它發揮作用時！胰島素的問題、也就是本書的主要重點，在於當胰島素無法正確發揮作用、也就是被定義為發生胰島素阻抗時。

胰島素阻抗的定義

以最簡單的方式來說，胰島素阻抗就是對胰島素這種荷爾蒙的反應減弱。當細胞因為各種不同的狀況停止對胰島素產生反應時，該細胞便產生胰島素阻抗。最後，因為體內到處有愈來愈多細胞產生胰島素阻抗，身體便被視為患有胰島素阻抗。在這種狀態下，某些細胞會需要超過正常值的胰島素才能做出和過去一樣的反應。因此，胰島素阻抗的關鍵特徵就是血液中胰島素的濃度比過去高，而且胰島素通常無法發揮效用。

「血液葡萄糖」還是「血糖」？

「血糖」這個詞含糊且會讓人產生誤解，但嚴格說來，它是正確的，因為所有單一碳水化合物都可被稱為「糖」。

「糖」通常是指蔗糖（也就是食用砂糖和高果糖玉米糖漿），一種由葡萄糖和果糖分子連結在一起所構成的化合物，但這個「糖」並不是我們在討論「血糖」時所說的糖，血糖更精確的說法是葡萄糖，也就是：我們所食用的碳水化合物經過消化後恆定不變的最終型態。

胰島素的主要作用之一，是調節我們血液中的葡萄糖。因為血糖持續維持在高濃度是危險的，甚至有潛在的致命危機，我們的身體需要胰島素將血液中的葡萄糖引導至細胞，從而讓血液中的葡萄糖濃度有效地降低到正常程度。那麼，在患有胰島素阻抗的情況下，人體又該如何調節血液中的葡萄糖呢？當人體患有胰島素阻抗，代表胰島素引導血糖的過程遭到損害，這可能會導致血液中出現高濃度的葡萄糖，即「高血糖症」，此即糖尿病的常見徵兆。不過，我們講得太遠了！我的意思是，胰島素阻抗早在人們發展出第二型糖尿病之前，可能就已經存在了。

胰島素幾乎總是會和葡萄糖相提並論，但在考慮到胰島素對整個身體的上百種（或上千種？）作用來說，這樣的做法並不完全公平。儘管如此，在身體健康的情況下，如果血糖的狀況正常，那麼胰島素的狀況通常也正常。然而，在患有胰島素阻抗的情況下，相對於葡萄糖濃度來說，胰島素的濃度會高於預期（註：此指葡萄糖濃度正常，但胰島素濃度過高的情況）。

在胰島素阻抗與糖尿病的「故事情節」中，我們一直將葡萄糖當成主要角色進行治療，但事實上它只是助手。我的意思是：葡萄糖是我們用來診斷和監測糖尿病的標準血液指標，但我們真的應該先將注意力放在胰島素濃度上。

為什麼優先順序需要反過來？這個嘛，我們或許可把「胰島素阻抗和第二型糖尿病以葡萄糖為中心的標準治療策略」歸咎在歷史和科學上。

重葡萄糖而輕胰島素的理由

從歷史上來說，由於胰島素阻抗是導致第二型糖尿病的原因之一，因此它被歸類在糖尿病家族裡。

這個疾病家族最早被記錄下來的證據，主要來自一份三千年前的古埃及醫學文獻。這份文獻被記錄在紙莎草紙上，上面記載著：患有特殊疾患的病人會經歷「尿液排空過多」的問題。

時間繼續往前推進，印度的醫師觀察到：某些病患會產生猶如蜂蜜般吸引昆蟲的尿液。（事實上，這個症狀可說啟發這種疾病的名稱：「mellitus」，也就是「如蜂蜜般甜蜜」的拉丁文。）

在數百年後的希臘，與該疾病相關的過多排尿症狀，引導出「多尿病（diabete）」這個名稱，這個字的意思是「排出」，進一步強調患者所製造異常且大量的尿液。所有這些觀察，也都伴隨著一項共通的發現：在每個病例中，過多的尿液生成都會和體重減輕同時發生；早期人們對此現象的解釋，從現在的角度回頭去看實在有趣：肌肉融化進入尿液當中。

這些早期和後來的醫師所描述的，其實是第一型糖尿病。一直到第五世紀時，才有印度醫師注意到這種疾病有兩種不同的類型：一種與年齡較

輕及體重減輕有關（即現代醫師所稱的「第一型糖尿病」），另一種則與年齡較大和體重過重有關（第二型糖尿病）。不過，這兩者都能藉由過量的、充滿葡萄糖的尿液辨識出來。在缺乏更先進技術的情況下，使得這種疾病被合情合理地用會造成普遍、主要可觀察症狀（即多尿病，產生過多尿液的專有名詞）的葡萄糖去定義。

然而在這種情況下，我們忽略了還有一個與問題的另一半更有關係的因素──胰島素。儘管第一型和第二型糖尿病都有葡萄糖過多的症狀，但在胰島素方面的情況完全不同。第一型糖尿病是因為胰島素的量太少（或完全沒有）所造成，而第二型糖尿病則是因為胰島素的量太多所導致。這種「胰島素過量」的情況，就是胰島素阻抗！由於與第二型糖尿病之間的關聯性，胰島素阻抗也被納入所謂「葡萄糖中心」的觀點中。

早期的醫師由於無法使用先進的技術和篩選的方法，因此將注意力集中在他們能發現的事物上，這是可以理解的，但為什麼進入現代之後，人們還是繼續專注於葡萄糖上呢？

嗯，從科學層面來說，葡萄糖還是比胰島素要容易測量。要測量葡萄糖，我們只需要一根有簡單酵素的棒狀物，也就是基礎血糖計，這項技術已經存在大約有百年之久了。反之，胰島素則因為它的分子結構和特性，而比較難進行量測。直到西元1950年代，我們才發展出測試方法，這種方法需要操作放射性物質（這是一項如此具革命性的發現，讓羅莎琳·雅婁〔Rosalyn Yalow〕博士因此而獲得諾貝爾獎）。現在胰島素測試已經比較簡化，但是仍然沒有那麼容易，而且並不是非常便宜。

此外，即使我們現在已經能量測胰島素，但這個進展來得太遲。我們大部分人都已經堅定地認為糖尿病是一種「葡萄糖疾病」，繼而完全以葡萄糖為根基來為這個疾病建立臨床診斷標準。

早發成年型糖尿病

　　你患有第一型糖尿病嗎？你的兄弟姊妹呢？你的父親或母親呢？阿姨或叔叔？祖父或祖母？即使你發現一個強大的第一型糖尿病家族譜系，你也可能根本沒有得病。事實上，第一型糖尿病很少被認為是遺傳性的。請醫師為你進行「抗 β 細胞抗體」（anti-beta-cell antibodies）血液檢測，例如麩胺酸脫羧酶抗體（GADA）、酪氨酸磷酸酶自體抗體（IA-2A）、胰島細胞自體抗體（ICA）等，這是對第一型糖尿病最完整可靠的診斷。若結果是陰性，那你可能患有「早發成年型糖尿病」（maturity onset diabetes of the young，MODY）。

　　與第一型糖尿病不同，早發成年型糖尿病是一種具有相當明確家族遺傳模式的遺傳疾病，是與生成胰島素有密切關係的基因發生突變而無法發揮作用。更重要的是，相比於第一型糖尿病，早發成年型糖尿病不會造成胰臟內生成胰島素的 β 細胞流失──在早發成年型糖尿病的情況中，β 細胞都還在，只是沒有正確發揮功用。由於缺乏胰島素，患者確實會產生與第一型糖尿病相同的所有症狀，例如高血糖症、體重減輕、多尿、感覺暈眩、口渴及飢餓，但第一型糖尿病的患者須以胰島素進行治療，而早發成年型糖尿病患者則視發生突變的特定基因採用口服藥物治療，而且在某些病例當中，只要改變生活方式便能治療。因此，你的第一型糖尿病家族病史雖然與遺傳有關，但也有可能不是第一型糖尿病，而是早發成年型糖尿病。

如果你用「葡萄糖＋胰島素」在網路上快速搜尋，最前面的搜尋結果會立刻讓你知道第一型糖尿病和第二型糖尿病共用的血糖臨床標準（標準數值確實是一樣的——126mg/dL〔毫克／公合〕——在考慮到這兩種疾病有多麼不同的情況下，這看起來很怪異。<u>第一型和第二型糖尿病唯一共通之處，就是過多的葡萄糖；但除了葡萄糖以外，它們是截然不同的疾病，有著大相徑庭的症狀與發展過程</u>）。試著在網路上對胰島素進行類似的搜尋，你會發現一大堆關於胰島素療法的資訊，但幾乎沒有關於糖尿病的血液胰島素臨床數值——甚至連我這個研究這種疾病的專業科學家，都很難找到一個一致的糖尿病胰島素數值標準。

這一切都很值得玩味，但還是不能解釋為什麼有這麼多患有胰島素阻抗的人未能夠確診。畢竟如果我們能用葡萄糖濃度辨識出第二型糖尿病，那為什麼不能用在胰島素阻抗（也被稱為糖尿病前期）上？這個嘛，我們無法識別的原因，是<u>胰島素阻抗並不必然是高血糖狀態</u>。換句話說，某個人可能患有胰島素阻抗，但血糖濃度仍完全正常。

那麼，<u>在胰島素阻抗的情況下，哪一種數值會出現異常</u>？你猜對了：胰島素。如果你患有胰島素阻抗，胰島素濃度會比正常濃度高，前提是，我們要找出一個大家所共識的「過量」血液胰島素數值，並且在臨床上對你的血液胰島素進行量測——不幸的是，這並沒有包含在大多數醫師會要求我們做的標準檢測中。

這就是為什麼我們會看見，某個人持續對胰島素愈來愈有抗性，但胰島素仍能發揮足夠的作用，將血糖穩定在正常範圍；這個情況可能會持續許多年，甚至好幾十年。我們很少能在胰島素阻抗發生的初期就發現，這是因為我們大多認為問題出在葡萄糖，所以，一直到患者對他們的胰島素產生很大的抗性，導致無論生成多少胰島素都不足以控制好血糖時，我們

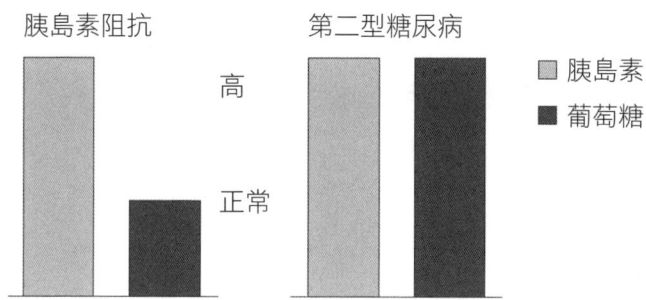

才終於意識到有問題。換句話說，我們通常在問題發生的許多年後，才終於注意到這個疾病。

歷史和科學演變成這樣的情況，終究是不幸的。我個人遭受的最大挫折，同時也是這麼多患有胰島素阻抗的人未獲得診斷的原因，就是我們對它的看法是錯的。假如胰島素是一種更容易量測的分子，或許我們就不會把第一型糖尿病和第二型糖尿病混為一談，很可能更早開發出辨識這種疾病的系統，因為我們一直都在尋找相關性更強的指標，也就是胰島素。

檢測胰島素能提早發現是否罹患糖尿病

綜上所述，說檢測胰島素比檢測葡萄糖更能預測是否患有第二型糖尿病，其實就不令人意外了——**檢測胰島素，甚至能提前二十年預測第二型糖尿病的風險。**

在繼續討論下去之前，事先建立一些觀點是有幫助的。

①如前文所述，胰島素阻抗會增加罹患第二型糖尿病的風險。這是事實，不過，這層關係有必要進一步釐清：**第二型糖尿病「是」胰島素阻抗**，也就是說，第二型糖尿病是胰島素阻抗發展到身體無法將血糖濃度維持

在低於臨床意義的126毫克／公合。人類認知到「第二型糖尿病就是胰島素阻抗」這件事，幾乎已經有百年之久了——德國科學家威廉・法塔（Wilhelm Falta）在西元1931年首次提出這個觀點。換句話說，你在任何時候聽到有人談論糖尿病的危害時，都可以直接將「糖尿病」替換成「胰島素阻抗」，而且這會立即變得更為精確。舉例來說，你的鄰居並不是有糖尿病家族病史，而是有胰島素阻抗的家族病史。

②胰島素阻抗是一種高血胰島素狀態。那代表患有胰島素阻抗的人，血液中的胰島素比正常人更多（這特殊的一點，在我們討論長期處於這種狀態下會產生的不幸影響時，會變得具有非常重大的意義）。

做為提醒，請注意：胰島素阻抗本身不會殺死你，它只是一種藉由導致其他會危及性命的疾病而讓你快速步入死亡的可靠工具。從某一角度來看，這其實表示，經歷多種且看似各不相同之健康問題的人，或許可以透過處理一項根本原因而獲得改善。

／／／／／／／／／／／

沒錯！數量驚人的重度嚴重慢性疾病，包括頭部、心臟、血管、生殖器官以及更多的問題，都有胰島素阻抗的參與。

胰島素阻抗遠不只是單純的不方便，如果我們對它置之不理、不加以治療，它將會成為嚴重的疾病。大多數患有胰島素阻抗的人，最終將會死於心臟疾病或其他心血管併發症，其他人則會發生阿茲海默症、乳癌或攝護腺癌，或是許多其他的致命疾病。

想要正確認識「胰島素對人體健康有多重要」，瞭解胰島素阻抗如何

引發上述這些疾病是十分有必要的,這也是我們為什麼接下來要用許多章節探討胰島素如何在全身發揮作用,以及胰島素阻抗如何導致這些其他疾病的發生。

　　扣好安全帶,這將是一趟顛簸的旅程!

02 破壞心臟健康

　　心臟疾病是全球第一大死因，占疾病相關死亡人數的30％以上。由於心臟疾病是如此的致命，自然會有很多「是什麼導致心臟疾病」的相關討論。一般會被指責的罪魁禍首，包括吸菸、酒精、膳食膽固醇、缺乏運動，還有腹部脂肪過多。在這方面，胰島素阻抗並沒有像上述因子那般獲得那麼多關注。有人認為胰島素阻抗只是其中一塊拼圖，但真相其實更加戲劇化：它就是「拼圖」本身。

　　胰島素阻抗與心血管疾病幾乎密不可分。卓越醫師兼科學家約瑟夫・卡夫（Joseph Kraft）將自己富有創造力的職業生涯全都奉獻在研究胰島素阻抗上，他精確地表示：「那些患有心血管疾病而未被辨識出罹患糖尿病（即胰島素阻抗）的人，只不過是尚未得到診斷罷了。」你只要找到一種，就會發現另一種（註：意思是：只要發現患有心血管疾病，就會發現患有糖尿病；只要發現患糖尿病，就會發現患有心血管疾病）。事實上，兩者之間的關聯性格外明顯，以至於出現不少專門討論這個主題的生物醫學月刊。

　　如今，當我們提到「心臟疾病」時，實際上指的不是特定的一種疾病；「心臟疾病」和「心血管疾病」泛指影響我們心臟與血管的各種疾病。因此，「心臟疾病」指的可能是血壓升高、心臟肌肉增厚、血管斑塊，或者其他症狀。我們將在本章內持續進行探討。

胰島素阻抗會直接導致高血壓

血壓過高會使心臟疾病發生的可能性明顯增加，因為當血管內的壓力增加時，你的心臟必須加倍努力工作，才能將血液充分輸送到全身和所有的身體組織。心臟承受這種負擔的時間是有限的，如果不儘早治療，最終將會導致心臟衰竭。

無庸置疑，胰島素阻抗和高血壓確實相關。當患者持續有胰島素阻抗和高血壓這兩種情況時，就是二者明顯相關的證據──幾乎所有罹患高血壓的人都有胰島素阻抗。對醫事人員來說，這並不是什麼新鮮事──新鮮的是這兩種疾病不只是有關聯而已，**胰島素阻抗和高胰島素濃度會直接導致高血壓**。

這一點之所以如此重要，在於絕大多數胰島素阻抗患者都不知道自己患有這種疾病，而對剛被診斷出有高血壓的人來說，高血壓可能是他們患有胰島素阻抗最初始的證據。

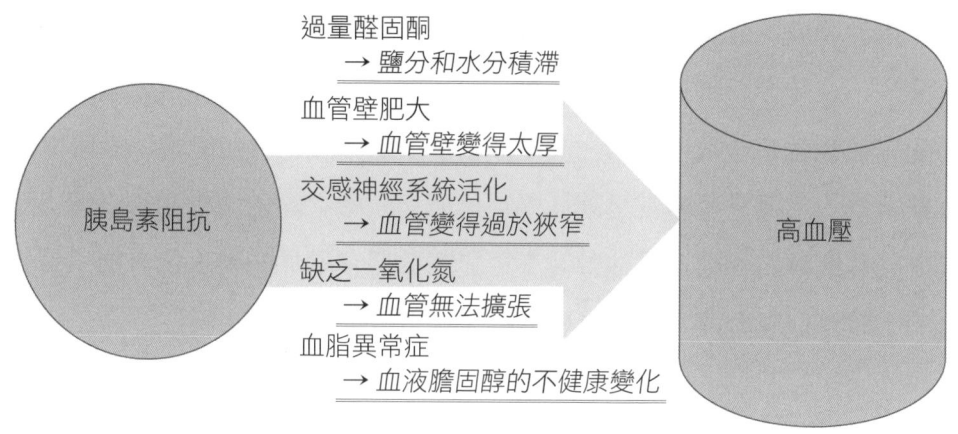

胰島素阻抗如何使血壓增高

不過，就算被診斷出高血壓，也還是有一線生機——胰島素阻抗與高血壓之間的關聯性確實很強，但這同時也表示：**當胰島素阻抗的情形獲得改善，患者通常能看見自己的高血壓問題迅速好轉。**

多年下來，我們已經開始瞭解，胰島素阻抗以及隨之而來的高胰島素血症是如何長期共同合作讓血壓升高。讓我們仔細地瞧一瞧！

鹽分和水分積滯

胰島素使血壓增高的方式之一，是透過它對醛固酮這種荷爾蒙的作用。醛固酮不常被討論，但它對心臟健康有重要的作用。醛固酮是由位於腎臟上方的腎上腺所分泌，有助於調節人體內鹽分和水分的平衡。鹽由鈉和氯組成，這兩種成分都是使人體所有細胞正常運作的關鍵電解質。醛固酮會對腎臟傳達留住並重新將鈉吸收進入血液的訊號，如此一來，鈉就不會隨著你的尿液被排出體外。這表示，當腎上腺釋放更多醛固酮進入血液中，身體就會留下更多鈉。由於鈉在哪裡，水就會在哪裡，所以這會使血液中的水分增多，進而使血液的體積和隨之而來的壓力都增加。

由於胰島素會使體內的醛固酮自然增加，所以，如果你體內有過多胰島素——就像你有胰島素阻抗時的狀況那樣——那麼，胰島素對醛固酮的不正常影響就會經常發生，你的血液體積隨之增加，並可能進一步使你的血壓升高，這非常可能就是胰島素阻抗與高血壓之間密切相關的原因；同時，這也解釋為什麼比其他營養素更能讓胰島素增加的碳水化合物，會如此有效地讓血壓升高，而膳食脂肪卻不會造成太大影響。

增厚血管壁

大量胰島素導致高血壓的另一種途徑，是使血管壁增厚。

真的對鹽敏感？

有些人因為攝取過量鹽分而罹患高血壓，但是有些人可能吃下大量的鹽卻不會出現這樣的反應；因為攝取鹽而罹患高血壓的人，被稱為「鈉鹽敏感性高血壓患者（salt-sensitive hypertensives）」。

在健康狀態下，當我們食用鹽時，身體會感受到鹽的增加而「關閉醛固酮」，讓腎臟排出鹽和水分，這能確保血壓的正常。然而，在患有胰島素阻抗的情況下，體內的醛固酮濃度會非自然地增高。當這種人吃鹽時，腎臟就會違背正常的生理過程，留住鹽分──而非將鹽分隨水分一同排出。長期下來，這會導致體內水分的滯積，進而使血液體積增加、並且導致血壓增高。

血管分為數層，最內層是由被稱為「內皮細胞」的細胞排列而成，即內皮層。別忘了，胰島素是一種「合成代謝荷爾蒙」，本質上就會對細胞發出令其長得更大的訊號──包括內皮細胞在內。這是一種健康且自然的反應，但當過量的胰島素流經血液時，這種訊號就會比正常情況下來得更強。於是，在管壁細胞生長的同時，內皮層增厚，然後，血管就會開始變得狹窄。

想像一條花園水管在水流通過的時候增厚：當水管壁向內擠壓流動的水時，水管內的壓力就會上升。這正是當太多胰島素過度刺激內皮細胞生長時，血管內部所發生的狀況。

血管無法擴張

請再想想那條有水流通過的花園水管,如果我們能讓水管徑變得大一些(不是更長),水的流動就會變慢且壓力較小;水會只是涓涓細流,而非噴湧而出。

一氧化氮是一種強力的血管擴張劑,意思是說,它能讓血管的直徑增加。內皮細胞會產生一氧化氮,這有助於讓圍繞在血管周遭的肌肉層放鬆,從而增加血管的管徑。

就和水管一樣,當血管的直徑增加,內部的壓力便會急遽下降,這種降壓效果在體內是如此的快速且有效,導致我們長期以來透過口服硝化甘油來利用一氧化氮(註:硝化甘油會代謝出一氧化氮)——藉由快速擴張心臟內的血管以提升血流的流通,進而防止或逆轉胸痛。事實上,一氧化氮對心血管健康的重要性已得到證實,研究其功能的科學家還因此而獲得了諾貝爾獎呢!

胰島素會活化內皮細胞中的一氧化氮生成。當胰島素流經一系列的血管時,它會發送「製造一氧化氮」的訊號給內皮細胞,而一氧化氮會讓血管擴張,促使血液流向那個區域,這可能是不同組織透過胰島素引導和利用營養素的方式之一。舉例來說,藉由增加通往肌肉的血流量,胰島素能協助那些肌肉獲得更多營養素和氧氣。

相較於前面所提到的,醛固酮與內皮層的生長會隨著罹患胰島素阻抗而過度活化(因為高胰島素血症的關係),一氧化氮和胰島素阻抗的問題則在於,胰島素刺激內皮細胞生成一氧化氮的能力變差了。在這種情況下,內皮細胞對胰島素增加一氧化氮生成的能力變得反應遲鈍,這表示,曾經能使血管管徑增加並降低血壓的胰島素,現在變得比較沒有效果,進而使血壓維持在增高的狀態。

血管狹窄

我們的交感神經系統調節包括心率和心臟收縮的力量、血管管徑、汗腺，還有許多無意識的身體行為。這通常被稱為「戰或逃反應」，因為造成這種反應的事件會驅動身體採取行動——「刺激」我們的身體，使其表現能達到最佳狀態。血壓升高是戰或逃反應的一部分；我們通常認為較高的血壓是一件壞事，但當你為了自己的存亡戰鬥或逃跑時，血壓升高卻是非常有幫助的，這是因為較高的血壓能增加血液傳輸（附帶著所有血液中的營養素和氧氣）到全身上下不同的組織，尤其是我們的肌肉。

值得注意的是，即使在缺乏可感知威脅的情況下，胰島素都會啟動這個過程——雖然很輕微。然而，當你因為胰島素阻抗而導致血液中有太多胰島素時，這個過程就變得過分活躍，換句話說，我們的系統因為胰島素濃度持續偏高，而一直輕微地活化戰或逃反應，進而使我們持續處在血壓偏高的狀態。

血脂不健康的變化

「脂質」是出現在我們的血液與組織中的脂肪或類似脂肪的物質。你的身體會為了未來的能量使用而儲存脂肪，而當身體需要能量時，它就能將脂質分解成脂肪酸，並且像葡萄糖一樣燃燒。血脂異常症，簡單地說，就是血液中脂質含量異常的狀態。雖然這種情況經常被簡單地定義為有太多脂質，但也可能表示各種脂質的濃度不符合正常標準。

脂質的主要角色為三酸甘油酯（TG）、低密度脂蛋白（LDL），還有高密度脂蛋白（HDL）。最常出現的情況是，醫生會專注在兩種膽固醇上，而「低密度脂蛋白是大反派」則是教條式信念——許多資訊來源會將高密度脂蛋白稱為「好」膽固醇，而低密度脂蛋白是「壞」膽固醇。儘

管確實有資料支持那樣的「好、壞膽固醇」結論，然而事實上，有很多很多研究顯示根本不是那麼回事。也就是說，我們長久以來所深信的「低密度脂蛋白會致命」理論，其實並沒有多少一致的證據支持。之所以出現這種不一致性，可能和我們如何量測低密度脂蛋白有關。

雖然被稱為「低密度」，但實際上，低密度脂蛋白膽固醇其實具備各種不同的大小和密度；要測量這一點，已經變得愈來愈容易。數十年來，我們已經知道，當藉大小和密度（被稱為「型，pattern」）對低密度脂蛋白進行分類時，我們對低密度脂蛋白的特性描述在預測心臟疾病方面會更具意義。

總體來說，有A和B兩型並存，分別代表分類範圍的兩個極端：A型描述的是尺寸較大且較鬆散的低密度脂蛋白，而B型描述的是尺寸較小且較密實的低密度脂蛋白。由於如果要引起疾病，攜帶膽固醇的載體必須由血液進入血管壁內，因此，我們可以這樣理解：尺寸較小、較密實的脂蛋白，會比尺寸較大的脂蛋白更容易做到這一點。

如果你覺得這不容易理解，那麼，我們舉個例子來進一步解釋。

想像你站在一座橫跨河流的橋上。你的左手拿著一顆沙灘球（低密度脂蛋白A型），右手拿著一顆高爾夫球（低密度脂蛋白B型），那麼，你將兩顆球都丟進水中後，會發生什麼事？

具有浮力、密度較低的沙灘球會沿著河流漂浮，而密度較大、較不具浮力的高爾夫球會沉入水底、一路沿著河床彈跳──就像很多打高爾夫球的人所熟知的那樣。低密度脂蛋白A型和B型在你的血管中可能會出現類似的現象，相較於低密度脂蛋白B型，低密度脂蛋白A型傾向於一路漂浮，與血管壁發生相互作用的頻率較低。你很有必要知道的一個重點是：低密度脂蛋白只有在碰撞到血管壁時，才會卸載所攜帶的脂肪和膽固醇，

因此顯而易見的是，低密度脂蛋白B型的人，會比低密度脂蛋白A型的人更可能遭受心血管併發症的侵襲。

目前，確定低密度脂蛋白的大小仍然不是標準血液測試常見的一部分。如果你最近測量自己的膽固醇，可能會記得脂質一欄只顯示三種主要的血脂指標，也就是三酸甘油酯、低密度脂蛋白和高密度脂蛋白，但值得注意的是，我們可以將這三項數字的其中兩個視為低密度脂蛋白大小極為精確的指標——你可以稱之為「窮人」用的方法：

將「三酸甘油酯濃度（單位為毫克／公合）」除以「高密度脂蛋白濃度（單位為毫克／公合）」，我們會得到一個準確得驚人、可以預測低密度脂蛋白大小的比例。得到的比例愈低（例如約小於2.0），尺寸較大、具浮力的低密度脂蛋白顆粒就愈普遍；換句話說，以低密度脂蛋白A型為主，但當比例增加時（約大於2.0），小而密實的低密度脂蛋白B型顆粒就會是更常見的類型。

「三酸甘油酯：高密度脂蛋白」比例低　　「三酸甘油酯：高密度脂蛋白」比例高

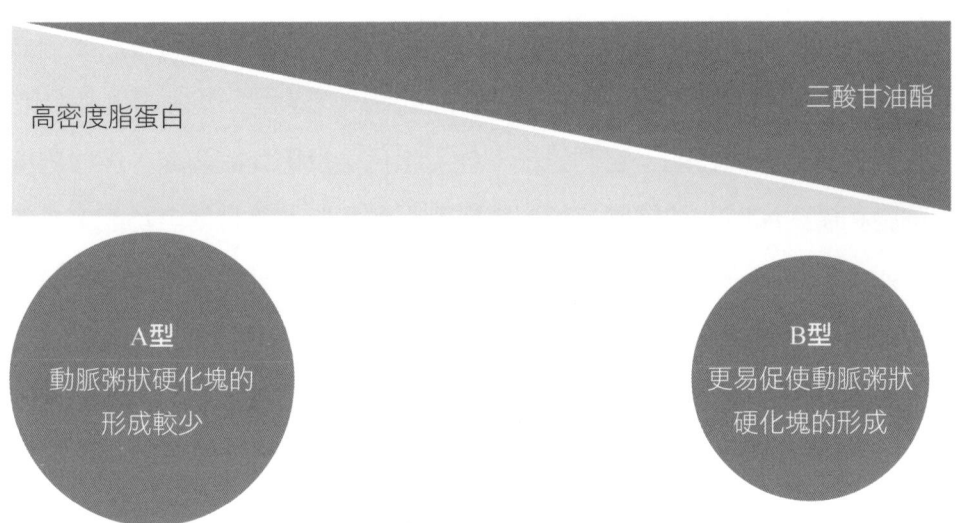

三酸甘油酯和高密度脂蛋白會包含在幾乎每一種血液檢測中，這代表我們不需要特殊檢測，就能快速對個人低密度脂蛋白型態有一些概念。

　　不過，這一切與胰島素阻抗又有什麼關係？<u>胰島素會有選擇性地驅動低密度脂蛋白B型在肝臟中的生成（幾乎所有膽固醇都是肝臟製造的）。當胰島素濃度隨著胰島素阻抗的增加而升高，肝臟會獲得訊號，讓該個體朝向B型的低密度脂蛋白的特徵方向轉變。</u>

　　用最簡單的方式來說，血脂異常症和高血壓之間的關聯性被認為是因為脂質在血管壁內堆積，並最終發展成動脈粥狀硬化塊，使血管直徑縮減（真正的過程會更複雜一點，我們將在下一段談到）。

動脈粥狀硬化

　　動脈粥狀硬化是心臟疾病發展過程中最關鍵的一步。我們對膽固醇的巨大恐懼，源自於膽固醇會導致動脈粥狀硬化的理論：血管在動脈粥狀硬化的過程中會變得硬且狹窄（如前所述）。不過，讓我們更仔細地來觀察一下這個過程。

　　如前文所述 P046，膽固醇必須進入血管壁才會引起疾病。然而，僅靠沉積在內皮層的膽固醇其實並無法導致疾病。事實上，膽固醇和脂肪在進入內皮層時是無害的：它們似乎不會引起負面反應（說起來，血管內壁的細胞和體內所有其他細胞一樣，需要膽固醇和脂肪維持健全功能）。但儘管如此，脂質可能並不會長時間維持無害狀態——對某些人來說，膽固醇和脂肪會發生一些讓它們變得有害的變化。

　　有害的轉變，是脂肪和（或）膽固醇在高度氧化壓力下被氧化時發生的。一旦上述情況發生，白血球細胞就會召喚巨噬細胞吞噬被氧化的脂質，以免它氧化細胞的其他部分（巨噬細胞這個名稱來自希臘文「大食

史他汀類藥物有用嗎？

　　史他汀類藥物（HMG-CoA 還原抑制劑）是最常用的藥物之一。這些藥物是用來降低膽固醇濃度，同時試圖藉此降低心臟疾病的風險。對那些有已知基因缺陷、會導致膽固醇增加到非常高濃度的人來說（例如家族性高膽固醇血症），情況可能確實如上所述；然而對並未罹患這類基因缺陷疾病、未曾有過心臟病發作，但根據像是低密度脂蛋白濃度等常規血脂指標看來仍有高風險的人來說，史他汀類藥物帶來的效益微乎其微，這可能是因為史他汀類藥物實際上似乎會讓低密度脂蛋白膽固醇B型比A型的比率變高。

　　除了對膽固醇的影響之外，史他汀類藥物還會帶來與胰島素阻抗有關的副作用：停經後的女性服用史他汀類藥物可能會使她們罹患第二型糖尿病的風險增加高達50%。我們對於史他汀類藥物如何導致胰島素阻抗正逐漸有更清楚的認知，有部分影響可能是來自史他汀類藥物會破壞肌肉組織，除此之外，史他汀類藥物也會妨礙細胞對胰島素的回應能力，並促進釋放會增加血液中葡萄糖的荷爾蒙（使得胰島素必須更努力工作來降低葡萄糖）。

者」，若考慮到這些細胞如何工作，這個名稱就顯得十分貼切：它們會吞食並消化病原體、外來異物和細胞殘骸），而隨著時間過去，巨噬細胞會被氧化的脂肪或膽固醇塞滿；這種裝滿脂質的細胞的外觀，在顯微鏡下呈

泡沫狀，所以稱為「泡沫細胞」。泡沫細胞會藉由釋放蛋白質傳達訊息求援，讓更多巨噬細胞來到這個區域（這稱為「發炎反應」）。新來的巨噬細胞也會隨著時間過去轉變成泡沫細胞，讓問題更加惡化。到最後，這種泡沫細胞和脂質的混合物會變成動脈粥狀硬化塊的核心。

儘管我們一直把焦點放在膽固醇上，但將責任歸咎於非膽固醇脂肪其實更合理（也更公平）──雖然這麼做很可能會使問題更複雜。當中特別需要注意的，是一種叫做「亞麻油酸」的多元不飽和脂肪（在大豆油這類種籽油中非常常見）。亞麻油酸是最容易被氧化的脂肪──遠比膽固醇還容易氧化──很可能是主要的罪魁禍首。事實上，當膽固醇氧化時，與膽固醇分子結合在一起的亞麻油酸通常是氧化發生的原因：就好像我們中立的膽固醇被迫把氧化亞麻油酸這個調皮搗蛋的小孩揹在背上一樣。然而，即使是這種情況，也依然和胰島素阻抗有關。

胰島素阻抗是動脈粥狀硬化的一項重要風險因子，這可能是因為胰島素阻抗會刺激被認為與動脈粥狀硬化有關的兩項變因，其中一項就是胰島素在增加低密度脂蛋白B型這方面所扮演的角色 P048；而低密度脂蛋白B型能攜帶著「有問題」的脂肪，例如亞麻油酸。另一個變因，則是氧化壓力，也就是說，胰島素阻抗似乎會讓氧化壓力增加；這種情況其實是雙向的，第十二章將討論氧化壓力如何讓胰島素阻抗增加。

發炎反應

各式各樣的發炎指標，尤其是逐漸為人熟知的C反應蛋白，能比膽固醇濃度更精確地預測心血管疾病。不可思議的是，在對胰島素敏感的人身上，（正常濃度的）胰島素能引發抗發炎的作用；反之，在有胰島素阻抗的人身上，（高濃度的）胰島素會活化發炎反應。

這點很重要！非常重要！把胰島素阻抗視為導致發炎反應的原因，等於是將胰島素阻抗放在心臟疾病的原爆點上——它竭盡所能地促進動脈粥狀硬化，而在血管上發動戰爭：

首先，胰島素阻抗會讓血壓升高，增加血管受損的可能。接著，胰島素阻抗會增加脂質在血管壁內的沉積。最後，胰島素阻抗會增加發炎反應，促使逐漸已充滿氧化脂質後變為泡沫細胞的巨噬細胞不斷滲入血管。這些分別被胰島素阻抗刺激而發生的事件結合在一起，最終造成動脈粥狀斑塊的形成。

綜上所述，**胰島素會直接促進血管內泡沫細胞的生成**，就一點也不令人意外了！

心肌病變和胰島素阻抗

這是單獨一類的心血管疾病，具體說來牽涉到心臟肌肉，也就是心肌。在心肌病變的情況下，心臟的肌肉變得無法產生足夠的力量泵送血液通過體內的無數血管。心肌病變有數種類型，一般它們都是根據心臟的結構變化進行分類，包括：

- 擴張型心肌病變：心臟會「膨脹鼓起」。
- 肥厚型心肌病變：心臟肌肉過於肥厚，無法充分充血。
- 限制型心肌病變：心臟肌肉變得有瘢痕且僵硬。

總體來說，這些心肌病變有時候會被稱為「非缺血性心肌病」，這意味著心臟衰竭並不是因為缺乏血液流通（例如動脈粥狀硬化症或心臟病

發）而造成。在三種主要的心肌病變類型中，胰島素阻抗與擴張型心肌病變的關聯性最為密切。

在繼續討論之前，你必須先瞭解到：心肌細胞主要依靠葡萄糖做為燃料。在患有擴張型心肌病變的情況下，心臟肌肉（即心肌）會膨脹，這代表它會拉長並變得更薄，當這種情況持續時，心臟肌肉無法正常收縮，並且無法很好地泵送血液。因此，理論上來說，隨著病症的發展，心肌若要繼續工作，就會需要更多的葡萄糖。然而，胰島素阻抗會使心臟吸收利用葡萄糖的能力受損，也就是說，因為胰島素阻抗這種代謝上的變化，心臟開始承受相對缺乏能量和營養素之苦。

儘管不如胰島素阻抗和擴張型心肌病變方面那樣存在許多證據，仍有部分研究顯示，胰島素阻抗在肥厚型心肌病變的發生中，也可能扮演著一定的角色：長期的高濃度胰島素會促使心肌生長，使其變得過於肥厚，而導致心室無法被血液充滿。

////////////

到目前為止，我希望大家已經十分清楚地瞭解到：沒有任何一個單一變因比胰島素阻抗與心臟疾病更為相關——雖然我們經常歸咎於其他因素，因此，**任何想要成功降低罹患心臟疾病風險的努力，都必須處理胰島素阻抗這個問題**。當我們承認胰島素阻抗的核心作用，就能開始解決導致心臟疾病的根本原因，而非僅止於消除症狀（這是藥物唯一能做到的）。儘管全球各地已在努力遏止心臟疾病，然而，我們忽略胰島素阻抗的時間愈長，問題就會變得愈嚴重。

03 對大腦與神經的負面影響

　　二十年以前，醫學教科書還將大腦列為對胰島素沒有反應的器官。然而，時代的變化是如此之大，也就是從那時開始，這個領域爆發出大量的研究，如今我們已經知道，胰島素調節大腦內的許多程序——而且陸續得到愈來愈多的證據，這些證據都在警示我們，胰島素阻抗如何對大腦健康造成威脅。

　　就和每一個體內的細胞一樣，腦細胞也具有胰島素受體——它們會感知胰島素並對其做出反應，這有助於它們發揮功能。

　　胰島素刺激大腦吸收葡萄糖做為燃料，並協助我們的腦細胞生長和存活。此外，這種荷爾蒙也在調節食慾與如何利用能量方面發揮十分重要的作用：當大腦感知體內胰島素增加時（發生在用餐後），我們的食慾會消退。鑑於胰島素對大腦的附加作用，它也會使生殖荷爾蒙發生改變（第四章我們將探討這一點）。

　　胰島素在學習和記憶形成方面，也扮演十分重要的角色。有一項傑出研究是以大鼠為實驗模型探討第一型糖尿病，研究中的部分大鼠無法製造胰島素。與控制組中胰島素製造量屬於標準的大鼠相比，患有第一型糖尿病的大鼠學會走迷宮的能力比較差，然而，當牠們接受胰島素後，其學習和記憶力便有所改善。

這一切，清楚地顯示出胰島素在正常大腦功能中的重要性。當你體內的胰島素過多，或是大腦對胰島素失去反應時（也就是大腦出現胰島素阻抗的時候），就會產生問題。

在談到胰島素阻抗時，我們通常傾向認為只有肌肉或肝臟等少數組織才會出現胰島素阻抗，然而，如今研究人員已經愈來愈認識到：大腦會和其他組織同時出現胰島素阻抗。

我們的大腦結構需要健全的胰島素敏感性，長期的胰島素阻抗會讓大腦的生理構造出現變化。一項近期研究發現，在患有胰島素阻抗的情況下，每經過十年，大腦看起來會比對胰島素敏感的同齡者大腦老2歲，其中一個顯而易見的後果，就是正常的大腦功能會受到損害。對胰島素比較沒有反應，還可能會讓我們過度進食，進而導致體重增加；此外，對胰島素比較沒有反應也會損害我們的短期學習能力，還可能會使我們的長期記憶受到損傷。

胰島素和大腦之間的這種連結，對我們的健康和獨立生活的能力有重要影響。不僅如此，胰島素阻抗會對大腦生理造成嚴重傷害，增加重大腦部相關疾病發生的風險，我們將在本章一窺胰島素和腦部與中樞神經系統疾病之間的關聯——從最為常見的阿茲海默症開始。

從胰島素重新理解阿茲海默症

儘管我們已經看到胰島素阻抗在重要腦部疾病中的關聯性，但關於失智症，要學習的還有很多。「失智症」指的是一個人的記憶和心智功能喪失，危害到日常生活。會導致失智症的疾病很多，阿茲海默症是其中最常見的一種。

直到今日,我們都還未能全盤瞭解阿茲海默症的成因和本質,這也展現於我們在預防或治療這個疾病的無能為力上。這種情況使得阿茲海默症迅速成為最普遍的神經失調疾病,在所有失智症的病例中占有高達80％的比例,並對全球大約3000萬人口(註:至2021年止,全球失智人口已逾5500萬人,按比例計算,當中的阿茲海默症患者可能已逾4400萬人)造成影響。依目前的趨勢繼續發展下去,預期這個數字將會每二十年增加1倍。

　　儘管這種疾病非常普遍,我們對如何診斷和治療阿茲海默症依然知之甚少,更遑論如何預防。事實上,我們對阿茲海默症的理解,甚至模糊到只能藉由驗屍對大腦進行切片,才能肯定地做出診斷,但我們愈來愈清楚的是,胰島素阻抗在這種疾病中的明顯作用,其中的關聯性甚至緊密到讓阿茲海默症衍生出一個新的稱謂——第三型糖尿病。

　　值得注意的是,醫師和科學家知道「阿茲海默症—胰島素阻抗」的關係已經有數十年之久。雖然研究者對這些早期觀察資料的解讀是,阿茲海默症患者的生活方式相對來說較為「久坐不動」:換句話說,生物醫學專家們認為,阿茲海默症患者會發生胰島素阻抗的問題,是因為他們無法外出運動。然而,更多的調查顯示,病程處於阿茲海默症早期的患者與健康的非阿茲海默症患者身體活動程度其實近似,但胰島素阻抗的程度還是比較高,而且隨著證據的逐漸累積,這種關聯性已經變得愈發難以忽視。

　　阿茲海默症是一種複雜的病症,毋庸置疑牽涉到我們還不清楚的機制,但無論如何,在阿茲海默症的研究初期,普遍的共識是這種疾病的兩個主要特徵:大腦內①斑塊的累積和②纏結物。

胰島素導致「澱粉樣蛋白斑塊」累積

　　這個理論認為,阿茲海默症患者的大腦中,會有由β澱粉樣蛋白構成

的斑塊堆積。澱粉樣蛋白本是身體會正常生成的蛋白質碎片,但當它們結合成被稱為斑塊的團塊時,就可能會干擾正常的大腦功能,包括記憶、情緒、運動功能和學習等。

這些澱粉樣蛋白斑塊具有不可忽視的危害性,但我們的大腦內建一些程序,以防止這些斑塊形成,當中最重要的預防機制,就是載脂蛋白E(縮寫為APOE),這是一種能在體內發揮許多功能的脂蛋白。

當載脂蛋白E正常發揮功能時,會將必需的膽固醇攜帶到我們的大腦神經元,同時進一步分解澱粉樣蛋白斑塊。不過,載脂蛋白E有三種基因型(註:載脂蛋白E2、載脂蛋白E3和載脂蛋白E4),而全體人口中大約有15%的人擁有載脂蛋白E4(縮寫為APOE4),在正常表現的濃度下,這個基因型無法執行上述分解斑塊的職責(註:此指載脂蛋白E4基因在正常表現的狀況下所生成的載脂蛋白E4,不足以分解澱粉樣蛋白斑塊)。攜帶載脂蛋白E4基因的人到70歲左右時,罹患阿茲海默症的機率大約是一般人的10～30倍。

基於這個原因,在研究探討罹患阿茲海默症風險因子時,攜帶載脂蛋白E4基因通常是最重要的變量。芬蘭的一個研究團隊在許多地區,針對廣大人口進行一項阿茲海默症風險因子調查,不出所料,具有載脂蛋白E4基因型態是阿茲海默症患者最顯著的變量(統計顯著性$p=0.0001$,供關心統計強度的讀者參考,註:一般來說,$p<0.05$代表顯著,$p<0.01$代表很顯著,$p<0.001$代表非常顯著),其他重要變量包括年齡($p=0.005$)及教育程度($p=0.002$;上學的間接好處,雖然在很大程度上,教育可能只是提供使人心靈保持活躍及經常接受挑戰的功能)。然後呢?下一個在統計上最重要的變量不是高血壓($p=0.31$)、中風史($p=0.59$)或吸菸的情況($p=0.47$),是空腹胰島素值($p=0.0005$)。沒錯!從統計學的角度來說,在阿茲海默症的風險因子中,你空腹時的胰島素比年齡更具意義——值得注

56

意的是，對阿茲海默症來說，胰島素阻抗在這項研究中的每一個指標，都具備統計上的意義，包括各種血糖和胰島素的量測值。

胰島素可能會直接導致澱粉樣蛋白斑塊的累積。在一項研究中，研究人員為「健康的老人」注射胰島素，並且發現：這種人為的、急遽的高胰島素狀態會使受試者腦脊髓液中的澱粉樣蛋白增加，要注意的是：這種現象在「上了年紀的患者」身上會更為顯著。

然而，光是生成澱粉樣蛋白不見得會影響阿茲海默症的風險——澱粉樣蛋白生成的地點很重要。在罹患阿茲海默症的情況下，澱粉樣蛋白斑塊會在腦部神經之間的空隙堆積，而不是神經本身。無論如何，我們可以確定的是，胰島素會增加腦神經釋放澱粉樣蛋白的量，進而增加澱粉樣蛋白在腦細胞外和細胞之間的積聚。

胰島素阻抗使Tau蛋白過度活化

神經纖維纏結被認為是阿茲海默症的另一項特徵。Tau蛋白是一種能維持神經結構正常的蛋白質。罹患阿茲海默症的情況下，Tau蛋白會變得過度活化，就像是不受控制的小孩，在某種程度上變得瘋狂。也就是說，Tau蛋白不會如常發揮作用——它不再能維持神經的結構，反而會讓神經纏繞扭曲，造成神經纖維纏結。

即使是這個情況，也和胰島素相關。腦內正常的胰島素訊號會抑制Tau蛋白的活性，但是，當這個訊號受到破壞（就像在罹患胰島素阻抗的情況時），Tau蛋白就會被過度活化，進而可能導致神經纖維纏結。

新理論：葡萄糖代謝減退

就這些支持澱粉樣蛋白斑塊和神經纖維纏結作用的證據而言，我們很

難相信可能有其他理論可以解釋阿茲海默症的起源，但一項近期的研究卻顯示「並未」在有失智跡象的老年人大腦內發現斑塊和纏結，顯然事情另有蹊蹺，需要另一個角度的觀點。我們認為，另一種理論是存在的，這個理論的重點放在大腦代謝運作的改變——你現在大概已經猜到了，胰島素依舊佔有一席之地。

大腦有驚人的能量需求。休眠的時候，大腦是我們體內新陳代謝最活躍的組織（是肌肉的好幾倍），因此對任何能量匱乏都非常敏感。大腦是一臺燃料不足時會劈啪作響的高效能發動機，一個處於「進食狀態」（剛吃過正餐）的人，他的大腦百分之百地從葡萄糖取得它所需的能量；相對來說，當一個人處「禁食狀態」下，大腦從葡萄糖取得的能量就變得不到一半，其餘能量來源，則來自一種叫做「酮體」的物質（稍後將進行更多討論 P207）。

在典型的西方飲食中，我們吃東西的頻率（每隔幾個小時）和我們所選擇的食物種類（通常經過高度加工）會創造出一種持續的進食狀態，而這種全然依賴葡萄糖的情況會造成一個可怕的問題。

大腦沒辦法獲得足夠葡萄糖，是阿茲海默症的基本特徵。胰島素能促進葡萄糖移動進入大腦內——就和它在肌肉中的功能一樣。但隨著大腦對胰島素的抗性愈來愈強，它會變得愈來愈無法獲得足夠的葡萄糖滿足自己的能量需求，因此，大腦就會像空轉的發動機，無法正常工作。

這種現象稱為「葡萄糖代謝減退」，當一個人的葡萄糖代謝減退程度愈嚴重，阿茲海默症的臨床發病速度就會愈快。衰退的過程通常是這樣：較差的腦部胰島素敏感性→較差的葡萄糖攝取→較不足的腦部能量→受損的腦部功能。

由於阿茲海默症引人注意的程度日益增加，我們對它的關注和瞭解比

以往任何時候更甚。雖然部分較老舊的理論（例如斑塊和纏結）已經逐漸被取代，但我們對阿茲海默症代謝起源的發現（包括胰島素所扮演的關鍵角色）為檢測和治療這種疾病提出更好的方法。然而，不可思議的是，胰島素阻抗的影響並不僅限於此；除了在阿茲海默症中的作用之外，胰島素阻抗也與其他類型的失智症相關。

血管性失智症與胰島素阻抗的強大關聯

　　血管性失智症緊接在阿茲海默症之後，是第二常見的失智症類型。血管性失智症的症狀與阿茲海默症非常類似；只不過，血管性失智症的發生是因為大腦血流量不足。然而，血管性失智症和阿茲海默症這兩種疾病其實也相關，因為腦內累積的斑塊也可能會損傷血管——如果斑塊及纏結理論是正確的，那麼阿茲海默症確實可能導致血管性失智症。

　　回想一下稍早我們談過的心血管疾病。我們已經知道胰島素阻抗對血管功能有著廣泛的影響，所以你可能會預期胰島素阻抗和血管性失智症之間存在強大的關聯。果不其然，追蹤將近1萬名成年男性超過20年之久的「檀香山亞洲老化研究（Honolulu-Asia Aging Program）」發現，相較於胰島素敏感的受試者，患有胰島素阻抗的受試者發生血管性失智症的風險約是前者的2倍。這很可能是因為那些我們所討論過、與高血壓相關的因子共同作用的結果（例如一氧化氮生成的改變、增厚的血管壁，還有其他我們在第二章內討論過的其他機制）。無論是何種機制，證據都非常具有說服力：

　　因胰島素阻抗引起的心血管併發症不只是製造心臟的問題，它們可能也會導致血管性失智症。

帕金森氏症與胰島素

　　帕金森氏症是一種腦部疾病，最明顯的表現就是改變患者控制身體運動的能力。除了行動遲緩、四肢僵硬和顫抖等運動方面的症狀之外，帕金森氏症也可能會導致其他問題，例如憂鬱、睡眠障礙、疲勞，以及認知變化。儘管每年有大約6萬人被診斷出罹患帕金森氏症，但我們對它的起源所知寥寥無幾，而且我們沒有任何方法能預防或治療帕金森氏症。

　　大部分的帕金森氏症患者在病程發展的同時會產生失智症，而這種失智症的一項主要特徵，是一種稱為「路易氏體（Lewy bodies）」的蛋白質在腦內積聚，不過，更為關鍵的其實是多巴胺神經細胞（dopamine-producing neuron）的喪失。帕金森氏症，是大腦當中一個被稱為「黑質（substantia nigra）」的區域發生病變，黑質位於中腦，是控制運動和獎勵功能的結構。這裡的細胞會生成多巴胺，而當它們開始死亡，多巴胺就會缺乏，進而導致運動方面的問題。

　　已知胰島素會改變腦內的多巴胺，這為胰島素和帕金森氏症之間建立了直接且具因果關係的關聯性。除此之外，一項研究發現，藉由降低大鼠體內的胰島素，它們腦內的多巴胺受體會增加35％，而一項針對人類的研究發現，大多數有胰島素阻抗的人，腦內多巴胺的生成率是最低的。

　　雖然對帕金森氏症與胰島素阻抗的共識是：胰島素的問題驅使多巴胺問題的發生，但有證據顯示相反的情況。換句話說，通常胰島素的改變會造成多巴胺受體的變化，但部分研究已經發現，多巴胺的改變會導致胰島素的變化。

　　在齧齒類和人類的實驗中，改善多巴胺的訊號傳遞能改善代謝功能，而抑制多巴胺訊號則會讓代謝功能變得更差——甚至還可能造成胰島素阻

抗。人類實驗的證據非常引人注意：接受阻斷多巴胺受體之抗精神病藥物治療的患者，會產生胰島素阻抗及體重增加的情況；事實上，在以抗精神病藥物治療的患者中，高達40％可能會在五年內罹患第二型糖尿病。一旦這些患者停止服藥，胰島素阻抗會在數週內消失。

姑且不論直接將胰島素與帕金森氏症聯繫在一起的因素為何，兩者間都存在著明確的關聯性。高達30％的帕金森氏症患者也都患有第二型糖尿病，高達80％的患者可能患有胰島素阻抗（即糖尿病前期）。

亨丁頓舞蹈症

沒有多少實質證據顯示胰島素阻抗和亨丁頓舞蹈症之間存在因果關係。儘管如此，我還是認為這種疾病值得一提，因為在相似特徵（年齡、身體組成等）的前提之下，亨丁頓舞蹈症患者比非亨丁頓舞蹈症患者更有可能患有胰島素阻抗。事實上，在一項有良好對照的實驗中，相較於健康的人，亨丁頓舞蹈症患者患有胰島素阻抗症狀的機率高出將近10倍。

亨丁頓舞蹈症非常明顯是一種遺傳性疾病，患者遺傳亨丁頓舞蹈症的基因，隨著時間過去，會導致肌肉和心智的毀滅性傷害。

要談亨丁頓舞蹈症研究，就有必要談涉及藉由調整改造其DNA、納入人類亨丁頓基因，進而使該疾病發生的特定齧齒類動物。值得注意的是，這些小鼠除了罹患亨丁頓舞蹈症，還在幾個星期內變得對胰島素出現抗性。

偏頭痛與胰島素

在最常見的神經系統疾病中，大約有18%的美國成年人受到偏頭痛的影響（註：在臺灣，偏頭痛的盛行率近10%）。

一項針對中年女性的研究發現，**那些患有胰島素阻抗的人發生經常性偏頭痛的機率是正常女性的2倍**。另一項針對男性以及女性的研究發現，與沒有偏頭痛的人相比，偏頭痛患者體內的胰島素濃度明顯偏高。從另一個角度來看這個問題，患有經常性偏頭痛的32人實驗組，有超過半數受試者在以胰島素增敏劑治療時，偏頭痛發作頻率明顯降低。

和阿茲海默症一樣，偏頭痛問題的一部分，可能來自大腦未獲得足夠燃料而「空轉」；當胰島素不發揮作用時，葡萄糖便無法進入腦部。

神經病變與胰島素

既然確立了胰島素阻抗在健康大腦功能中的關聯性，很重要的是，要記住大腦是一種「神經束」（註：大腦裡的每個神經細胞都有「突軸」——也就是神經纖維，大腦神經細胞看起來就像大量髮絲聚集在大腦裡），而這些神經會與遍佈在體內的神經進行溝通。就和腦內的神經一樣，大腦之外的神經也會受到胰島素阻抗的影響。伴隨著糖尿病發生的神經損傷——四肢，尤其是腳部的灼燒感和刺痛感——與第二型糖尿病如此密切相關，讓這樣的神經損傷被認為是第二型糖尿病的主要特徵。

這種糖尿病引發的神經病變，長久以來一直被認為是高血糖症所造成，而高血糖症在臨床上被定義是第二型糖尿病的特徵，不過，最近的發現對這個觀念提出挑戰。儘管高血糖症毫無疑問地與神經病變相關，但事

實上，問題早在血糖發生改變之前就開始出現，這代表除了葡萄糖之外，還有其他的原因，而這個「原因」，當然就是胰島素阻抗。

和其他體內的每一種細胞一樣，神經會對胰島素做出反應，這決定神經如何攝入及使用能量。當神經變得對胰島素產生抗性，它維持正常功能的能力便受到損害，最終導致神經病變。

/ / / / / / / / / / /

我們現在已經知道，胰島素與大多數腦部相關的慢性疾病有關。因為大腦需要相當多能量才能發揮功能——它需要可靠的燃料。當大腦變得對胰島素有抗性時，取得這種燃料的方式就會受到限制，而這種情況甚至在疾病發生之前就已經存在了。我們才剛開始瞭解胰島素在大腦和中樞神經系統中扮演的所有角色，它影響食慾、有助於記憶、調節多巴胺，還有其他更多的作用⋯⋯但總而言之，健康的大腦需要健全的胰島素敏感性。

腦部及其他神經性疾病是嚴重的健康問題，失去對身體的控制是一種可怕的情況。不過，藉由確認胰島素阻抗在這些疾病中所扮演的角色，我們不僅能在辨識病症方面提出全新的觀點，還可能減緩這些病症的發展，甚至預防病症發生。

04

干擾生殖健康

　　你不是我處於青春期的孩子，所以可能會容許我坦率地討論性及其奧妙的複雜問題。

　　為了種族的存活，人類會進行繁殖——和所有其他生物一樣。有些人在這方面做得相當好（問問我父母就知道了！我有12名手足……），不過，有些人可能正承受通常伴隨著不孕症而來的心痛。不管是在哪一種情況，生殖健康中最重要的構成要素，都是由「主性腺（primary sex gland）」——男性是睪丸、女性是卵巢——所生成的性荷爾蒙，還有部分則來自大腦的參與。大腦和被稱為「生殖腺」（Gonads，註：指睪丸和卵巢）的性腺（sex gland，註：指所有涵蓋生殖功能和性功能相關的腺體，例如除了睪丸和卵巢，前列腺和乳腺等等也是性腺）會互相作用，適當地規劃、協調男性和女性體內的許多事件，藉此讓繁殖得以成功發生。不過，你可能會很驚訝地發現，一種來自胰臟、不起眼的荷爾蒙也發揮重要作用。

　　胰島素阻抗與生殖疾病間的關聯性，可能是我們所探討的問題當中最出人意料的部分。大部分人從未想過胰島素在生殖方面會產生任何作用，更不用說還是關鍵角色，但胰島素對正常生殖來說是絕對必要的，這或許可以從我們的新陳代謝和生殖功能之間簡單而深刻的連結明顯看出——繁殖畢竟是一件冒險的事，而將子嗣帶入危險或不健康的處境中（例如我們

在饑荒時會面臨到的狀況）是不明智的，於是，胰島素便成了告訴我們大腦「周遭環境對新陳代謝而言是否安全」的信號。正常的胰島素濃度代表潛在的準爸媽是健康的，而且他們的飲食對讓胎兒生長、甚至養育新生兒來說是足夠的。

我們需要胰島素維持健康的生殖功能，這是顯而易見的事實。以齧齒類動物為對象的實驗顯示，缺乏胰島素會導致腦部和性腺功能的變化，降低生殖活動的頻率或效率，然而，胰島素過多也不會比胰島素過少好（記住，胰島素阻抗幾乎總是一種高胰島素血症的狀態——胰臟製造比正常情況下更多的胰島素，試圖增加胰島素的作用），患有胰島素阻抗的男性與女性，比相對胰島素敏感的男女來得更容易不孕，而患有胰島素阻抗的兒童更容易出現青春期的變化（註：這裡可能是指更容易有性早熟、經期不規律這類狀況）。

發生這種情況的確切原因很有意思，不只顯示生育力是如何受到精細的調控，同時也說明代謝過程如何驅動生殖過程。我們將在本章探討當男性、女性與兒童出現胰島素問題時，可能會隨之出現的各種性和生殖方面的併發症。

女性生殖健康與胰島素

對女性來說，生殖是一個複雜的過程。在女性整個月經週期中，一系列的荷爾蒙變化會引起卵子的發育和最終的釋出，這個過程被稱為排卵，通常每個月都會發生一次。如果懷孕了，女性的生殖能力也包括發育及維持成長中的胎兒，甚至生產後，她的工作都還未完成——她的身體持續改變，包括母乳的產生和其他會影響生殖的轉變。

對女性來說，生殖涉及大量的變化和成長，所以需要很多能量。或許是基於這些原因，比起男性，女性的生育力和生殖健康似乎與胰島素和胰島素阻抗存在更密切的關係。

在討論關於女性胰島素和生殖疾病的病理層面前，我必須重點提示胰島素和懷孕之間有趣且正常的關係。

胰島素是一種生長訊號，能啟動合成代謝的程序，使我們的細胞增大，有時甚至還會讓它們的數量增加。孕體需要成長，而胰島素有助於實現這一點。胰島素有助於胎盤的生長，能幫助乳房組織的發育以為哺乳做準備，甚至能藉由增加女性身體儲存脂肪的傾向，協助確保母體能獲得足夠應付懷孕這個艱鉅過程的能量——事實上，為了加速這個過程，女性脂肪組織中的胰島素受體會在孕期一開始時增加，然後在生產過後回到正常標準。至於母體的脂肪組織在懷孕期間會更容易增長，則是因為脂肪組織此時對胰島素的反應比女性生命中其他時期更強。

懷孕是「胰島素阻抗似乎是正常、甚至是有益事件」的極少數例子。沒錯，懷孕是一種自然的胰島素阻抗狀態。一般的健康女性在孕期即將結束時，對胰島素的敏感性約略會是剛懷孕時的一半，而在這種情況下，胰島素阻抗是件好事。這種現象的專有名詞是「生理性胰島素阻抗」，意思是帶有目的的胰島素阻抗。因為懷孕女性的身體對胰島素產生抗性的關係，使胰島素的濃度增加（雖然同樣有因為升高的胰島素濃度而使得女性身體對胰島素產生抗性的可能 P071），驅使胎盤這類組織的生長。

不過，女性在懷孕期間升高的胰島素濃度，不僅是為準媽媽做好準備，更重要的是，胰島素也有助於刺激成長中胎兒的生長和發育。所以，就像升高的胰島素讓母體為最佳妊娠功能做準備，它還為胎兒提供關鍵的成長訊號。

然而，儘管懷孕時的胰島素阻抗是自然發生的事件，但它對女性的生殖健康可能還存在其他影響，包括生育力問題、多囊性卵巢症候群、妊娠糖尿病、子癲前症等等。

妊娠糖尿病

在女性生殖相關疾病當中，與胰島素阻抗最明顯有關的就是妊娠糖尿病。如果女性懷孕期間的胰島素阻抗發展到某個程度，以至於她的胰島素已不足以維持正常血糖水準，這種疾病就會發生。此時，正常、生理性的胰島素阻抗已經轉變成病理性的，而這兩種狀態間的微妙界線在於葡萄糖的控制。

任何孕婦都可能發生妊娠糖尿病，不過，與胰島素阻抗相關的風險因子通常是關聯性最強的。一般來說，妊娠糖尿病的風險因子包括懷孕前的體重、年齡、糖尿病家族病史，還有種族（亞洲人、西班牙裔及中東裔的風險最高；他們全都是胰島素阻抗患病風險較高的種族）。

不幸的是，就算女性在懷孕之前並沒有罹患胰島素阻抗或第二型糖尿病的跡象，但發生妊娠糖尿病後，會使她日後罹患第二型糖尿病的風險增加——平均來說，風險會比孕期未罹患妊娠糖尿病的女性高出7倍。

子癲前症

懷孕期間更嚴重的胰島素阻抗通常是以妊娠糖尿病形式表現出來，如果孕婦有這種情況，將會增加一種最致命妊娠疾病——子癲前症（這是一種腎臟功能的危險變化）發生的風險。懷孕初期發展劇烈胰島素阻抗的女性，在孕期後半出現子癲前症的可能性會顯著增加。這兩種疾病之間的關聯性目前尚未能被充分瞭解，但很可能與某些因胰島素阻抗引起的血壓

問題有關，包括交感神經系統的活化 P045，以及一氧化氮生成量的下降 P044。

無論可能發生的原因為何，因胰島素阻抗而改變的血壓，會造成流向母體、包括胎盤在內的血流量低於理想值的情況。當胎盤未獲得足夠血液時，它會為自己和身體其餘部位製造出一種叫做「血管內皮生長因子（vascular endothelial growth factor）」的訊號蛋白。血管內皮生長因子會刺激「血管新生」（註：也稱作「血管生成」），而胎盤釋放出這種蛋白質，代表它在試圖增加獲得的血量。

在健康的妊娠過程裡，原本就會發生這種情況，因為胎盤需要更多血液，而血管內皮生長因子有助於達成這一點；但在子癲前症的情況中，胎盤會莫名其妙地釋放出第二種叫做「血管內皮生長因子受體」的蛋白質，這種蛋白質會黏附在血管內皮生長因子上，妨礙它發揮作用。因此，即使胎盤製造出血管內皮生長因子，也無法發揮任何作用。

這種情況不但會傷害胎盤（藉由讓它無法生成新的血管），還會讓腎臟發生嚴重的障礙——它們需要胎盤製造的血管內皮生長因子。腎臟通常會利用血管內皮生長因子維持正常的血液過濾——血液過濾是腎臟的主要工作，而且對健康來說絕對必要。當腎臟未獲得足夠的血管內皮生長因子時，就會開始失去原有的功能，不再能正常進行血液過濾，進而導致毒素和多餘的水分開始在血液中累積。

因為多餘的水分而變得更多的血量，正是血壓上升的主因 P042。不過，毒素是更危險的問題，毒素影響到大腦，就可能導致痙攣和死亡。同時，腎臟缺乏血管內皮生長因子也會導致它們變得「滲漏」，讓血液中的蛋白質滲入尿液裡——這正是為什麼我們不僅要監測患有子癲前症女性的血壓，還要監測尿蛋白含量做為腎臟健康指標。

如果沒有早期發現和治療，子癲前症可能會導致母體的肝臟和腎臟衰竭，未來可能也會出現心臟問題。對胎兒來說，胎盤的血流減少，代表胎兒獲得的食物和氧氣減少——這會導致其出生體重低於正常。子癲前症唯一真正的解決辦法就是切除胎盤，這代表著：一旦胎兒發育到足以安全分娩時，就要儘快將其移出，也就是必須要進行引產或非常早期的剖腹產，以保護母體的健康。

嬰兒體重過重與過輕

出生時嬰兒體重過輕或過重，都會對日後的生活造成影響，而母體罹患高胰島素血症和胰島素阻抗對這種情況的影響，強大到出人意料之外。

在繼續討論之前，我想先澄清一下，當我在這個主題中提到新生兒的體重時，並不是指因家族基因而自然導致較小或較大的嬰兒體型，而是當把所有因素都考慮進去時，誕生的嬰兒體型比預期來得小或大的情況。

母親的代謝健康和嬰兒的健康息息相關！關於這一點，有些最強有力的證據來自「荷蘭饑荒研究」，這項研究追蹤西元1944年到1945年二次世界大戰尾聲，荷蘭饑荒期間受孕者的健康狀況。根據饑荒發生在母親孕期的早期、晚期或中期，研究人員得以探討饑荒對她們和她們孩子的影響。母親在孕期剛開始時經歷饑荒的孩子，日後會比正常人更有可能發生肥胖問題，更重要的是，這些觀察結果，並不必然與嬰兒出生時體型比正常情況更大或更小有關——他們日後的肥胖風險與甫出生的體重無關（第八章、第十一章會討論肥胖症與胰島素阻抗有密切關聯）。

對胰島素阻抗更嚴重的母體來說（例如妊娠糖尿病 P067 和／或多囊性卵巢症候群 P071），最常見的結果是：新生兒的出生體重高於正常嬰兒——胎兒是在富含胰島素、可能還有葡萄糖的環境中發育，茁壯成長得

超乎尋常。這或許看起來無害，但其實會有持續性的影響——這些嬰兒在青春期和青春期之後發生肥胖及出現代謝併發症的機率會高出約40%。

孕期胰島素阻抗更嚴重的另一個極端，則是出生時體重低於正常及預期的嬰兒（常見於母體發生子癲前症的情況 P067）。我們很可能會認為，出生時體重過高的嬰兒比正常體重的嬰兒更容易發生肥胖和胰島素阻抗，更不用說，一定也會比出生體重過低的嬰兒更容易發生肥胖和胰島素阻抗。不過，事情沒有這麼簡單！雖然出生時體重過重的嬰兒，未來罹患肥胖症和胰島素阻抗的可能性確實會增加，但那些出生時體重過低的嬰兒，其發生肥胖和胰島素阻抗的風險其實更高。

同樣讓人感到矛盾的是，就像出生時體重過重的嬰兒，這些出生時體重過低的嬰兒日後罹患肥胖症和代謝失調的機率，也比出生時體重正常的嬰兒更高。

在英國，出生時體重過低嬰兒的代謝併發症記錄尤為詳盡，研究人員持續觀察到，出生時消瘦的兒童並不會維持在那個狀態太久。沒錯，這是真的——出生時體重低於正常的嬰兒，是最有可能發生肥胖和胰島素阻抗的。這樣的趨勢，最早可能從孩童4歲時就出現，他們通常已追趕上正常的同齡人，開始在體重上超越他們。但這種情況也可能發生在青少年時期的晚期，並且一直持續到成年期晚期。

我們認為，這樣的影響，有一部分可能與誕生時體重過輕和分娩過程中可能發生的混亂事件所帶來的生理壓力有關（後文會討論壓力與胰島素阻抗如何發生關聯 P135）。

母乳供應不足

就算沒有對胎兒發育和母體健康造成影響，母體的胰島素阻抗也可能

如果是父親有胰島素阻抗？

針對新生兒代謝併發症的研究，絕大多數都集中在母體的胰島素與代謝健康的作用上，對父親方面的胰島素和代謝健康的關注則相對較少，而且研究結果不一。不過，追蹤並探討後代胰島素阻抗及其他代謝參數（不僅僅是嬰兒出生時體重）的研究，則支持「父親的胰島素阻抗很關鍵」的觀點：如果父親患有胰島素阻抗，他的孩子可能也遺傳到這一個特徵：容易患有胰島素阻抗。

會降低母體的哺乳能力。一項針對2000名患有妊娠糖尿病母親的研究顯示，**胰島素阻抗最嚴重的女性，其母乳供應量可能是最低的。**

值得注意的是，如果新手媽媽有哺乳的問題，那麼她在改善胰島素阻抗的「自帶解決方案」上也會遇到障礙，因為哺乳是讓母體產後對胰島素敏感性增加的有效方法。也就是說，**更嚴重的胰島素阻抗，可能會讓她更難利用自然的方式逆轉孕期的胰島素阻抗。**

多囊性卵巢症候群

多囊性卵巢症候群是導致女性不孕最常見的原因，對全球將近1000萬女性造成影響。就像它的名稱所顯示的那樣，患病女性的卵巢會受到囊腫的壓迫，導致卵巢極度疼痛，並增大到正常大小的數倍。就其核心而言，多囊性卵巢症候群是一種胰島素過多的疾病——胰島素過多是導致多囊性卵巢症候群密不可分且具因果關係的重要因素。

如我先前所述，女性生育力是荷爾蒙的精細協作：

在女性月經週期的前半部分，雌激素濃度是低的。下視丘這個大腦內微小但重要的部分，會傳遞訊號到同樣位於腦內的腦下垂體，隨後腦下垂體便會釋放「濾泡刺激素」。濾泡刺激素會指示卵巢內的少數卵泡發育為成熟的卵子，然後會有一枚卵子成為優勢卵子。

隨著卵泡的成熟，卵巢大幅增加雌激素的釋放，藉此告知下視丘和腦下垂體有一枚卵子可以準備釋放了。接著，腦下垂體會釋放「黃體化激素（註：和黃體素不同）」。黃體化激素的激增，會導致成熟的優勢卵子通過卵巢被排出，這就是排卵。

隨著排卵的發生，荷爾蒙訊號會被傳遞給剩餘的發育中卵子，使它們退化，隨後它們便會從卵巢中消失，

你全都搞懂了嗎？正如我所說的，這個過程非常複雜！說到底，重要的是要瞭解：這個容許一顆卵子取得優勢並最終進入排卵的過程是由特定的荷爾蒙波動所控制。如果這些荷爾蒙波動被打亂，便會造成問題。

那麼，胰島素究竟如何參與其中？這個嘛，和每種組織一樣，卵巢會對胰島素有所反應，而在它們所做出的反應當中，更出人意料的方法之一或許就是：抑制雌激素的生成。

所有的雌激素都曾經是雄激素；在雌激素製造過程中，一種叫做芳香酶（也稱為「雌激素合成酶」）的酵素，會將像是睪固酮這樣的雄激素（男性荷爾蒙）轉化為雌激素（女性荷爾蒙），這個過程在男性與女性體內都會發生。不過，過多的胰島素會抑制芳香酶，進而使得雄激素無法轉化為所需濃度的雌激素，雌激素的生成於是低於正常值，而雄激素濃度變得高於正常值。

雌激素對我們全身有無數影響，而對女性最主要的影響之一，是它們

在月經經期中所扮演的角色。雌激素的生成,在月經週期中段左右會顯著增加,而雌激素的飆升向大腦傳遞訊號,這會增加黃體化激素生成的濃度,引起排卵,並最終引起其他發育中卵子的退化。如果胰島素阻抗導致月經週期中段的雌激素衝擊沒有發生,卵巢便會留存和累積卵子。

除了對雌激素的影響之外,胰島素可能也會直接作用在大腦,阻斷正常的黃體化激素生成。黃體化激素的生成通常是有節奏性的——先增後減,而胰島素似乎會阻止這個模式,而這可能會破壞正常的生育力。

胰島素對性荷爾蒙的影響遠超過生育力的範圍。在罹患多囊性卵巢症候群的情況下,被轉化為雌激素的雄激素相對而言會更少,導致雄激素濃度變高。高濃度的雄激素可能會導致女性出現臉部及身體毛髮變多、變粗糙,還有雄性禿。

最後一項影響則與性荷爾蒙無關:光是高濃度的胰島素本身,通常就會使被稱為黑棘皮症(Acanthosis Nigricans)的深色皮膚斑塊的存在增加P090,這是多囊性卵巢症候群的常見特徵。

生育治療與胰島素

你可能已經猜到,考慮到各種因胰島素阻抗引起的生殖疾病,許多患有胰島素阻抗的女性,最後大多會有尋求生育治療的需求。不幸的是,即便是在處理這個問題方面,胰島素阻抗依然「狂刷自己的存在感」。

在討論生育治療之前,我得直白地說,胰島素敏感性對女性生育力有直接的正面效益——**無論是藉由減重或使用胰島素增敏藥物,使胰島素濃度降低並改善胰島素敏感性,都能在未使用任何催孕藥物的干預下,增加自然排卵。**

改善女性生育力最為常見的療法之一,就是口服排卵藥可洛米分

（clomiphene，中文名「喜妊錠」），它可以改變雌激素、並藉此誘導排卵。然而，患有胰島素阻抗的多囊性卵巢症候群女性患者，對可洛米分的反應不佳，通常會需要服用更高劑量，而這可能導致不良副作用。事實上，測量患有多囊性卵症候群女性的血液胰島素，是預測她對口服排卵藥反應性最可靠的指標——其血液胰島素濃度愈低，患者對藥物的反應就會愈大。

如果說女性生育力是複雜的荷爾蒙交響曲，胰島素就是指揮。整個月經週期中，生殖荷爾蒙（包括雌激素、濾泡刺激素和黃體化激素）異常升高和降低，其實只是據胰島素的指揮行事罷了，因此，如果一名女性能讓她的胰島素受到控制，通常生殖荷爾蒙就會跟著受到調節，而最常見的不孕症（如上文所述）就會獲得改善，就像將一首正在播放的拙劣樂曲被簡單地按下停止播放鍵一般。

男性生殖健康與胰島素

相對於女性生育力的複雜性，男性的生殖健康則是一件相對明確直觀的事。男性生殖力的主要問題，就是精子數量低和精子品質差；而發生頻率低很多的次要問題，則通常包括結構上的情況或基因缺陷。

在此部分中，我們將專注在兩個可能會與胰島素阻抗一起發生的大問題上：精子的生成和勃起功能障礙。在進行討論之前，讓我們先來看看這些問題與睪固酮之間的關聯性。

我們對睪固酮有著文化上的癡迷。現在，我們常會聽到男性在談論被診斷出「低睪固酮」，並且把其他健康問題（包括精力不濟和無法減重）都說是低睪固酮造成的。

很多人都傾向於認為低睪固酮是導致體重增加的原因，這確實可能會發生，但低睪固酮診斷的顯著增加其實顯示有其他問題（除非你支持男性會自發性地變得「不那麼有男子氣概」的觀點）。因此，在我們做出「男性在一個世代之內演化成自發性形成低睪固酮，變得肥胖且不孕」的結論之前，逆向探討這個過程值得一試，在這裡，思考的重點是：新陳代謝狀況不佳，實際上是導致睪固酮生成量減少的先決條件。

體脂肪較高的男性往往睪固酮較少，而睪固酮濃度會隨著男性體重的減輕而增加。當然，胰島素與這些變化高度相關，但很難將胰島素的直接影響從「只是有太多脂肪組織」這個潛在獨立的影響區分出來。然而，數項研究的結果已經確認，胰島素會直接抑制睪固酮的生成，而與體脂肪無關；**胰島素愈多，會導致睪固酮濃度愈低**。

脂肪中的卵巢

不像男性的睪丸，女性的卵巢只會生成相對少量的雄激素。相較之下，卵巢配備高濃度的芳香酶 P072，那是一種將雄激素轉化為雌激素、非常忙碌的酶（這種轉化也發生在睪丸內，只是沒有那麼大量）。

值得注意的是，芳香酶也存在於脂肪組織中。沒錯，男人啊，你們的脂肪組織「就像一個卵巢」，更精確地說，**過多的脂肪組織會使男性與女性兩者體內循環流動的雌激素增加**。

（所以如果你的醫師告訴你，你有低睪固酮的問題，別把脂肪幹得好事歸咎在你的睪丸上！）

影響精子生成

儘管可能不像排卵那麼複雜，然而，精子的生成還是需要數種荷爾蒙的參與，包括一部分來自大腦的荷爾蒙和睪固酮，甚至還有來自睪丸的雌激素。

擾亂這些荷爾蒙的正常生成，可能會導致無法產生足夠或健康的精子。如果睪固酮的濃度低於正常，精子便無法生成。

勃起功能障礙

患有胰島素阻抗的男性，發生勃起功能障礙的風險會升高；而當胰島素阻抗變嚴重時，勃起功能障礙的問題也會變得更糟。確實，這其中的關聯性如此緊密，使得勃起功能障礙可被視為發生胰島素阻抗最早出現的跡象之一，再加上最近有一篇科學研究論文表示：「胰島素阻抗可能是那些沒有明確原因的勃起功能障礙年輕患者的潛在發病因子。」換句話說，如果一名看起來健康的年輕男性有勃起功能障礙的問題，胰島素阻抗非常有可能就是原因，但要瞭解其中的關聯性，我們需要回顧胰島素施加在血管上的強大影響力。

勃起功能障礙的根源，通常是來自於血管調節的問題——血管必須極大程度地擴張，才能產生並維持勃起，而這個過程需要一氧化氮的生成和作用。但當內皮細胞（血管內壁的細胞）對胰島素產生抗性時，它們生成的一氧化氮較少，這使得血管喪失強烈的擴張訊號。

如果說女性生育力像一首交響曲，那男性的生育力就像無伴奏男聲四重唱——聲部較少，但每一部都極其重要。對男性來說，複雜之處在於生育力同時需要生理（即勃起）和荷爾蒙（即精子的生成）兩方面的步驟。在這兩種情況中，胰島素都是領唱者，並確保其他的角色能維持音準。

青春期與胰島素

從兒童期到成年期的過渡是一段有著劇烈改變的時期，即眾所周知的劇烈荷爾蒙變化，而這一切，通常始於腦部釋放「促性腺激素釋放荷爾蒙（gonadotropin-releasing hormone，縮寫為GnRH）」。

促性腺激素釋放荷爾蒙會傳送訊號到青春期的卵巢和睪丸，誘發更高濃度的雌激素和雄激素，這會相應地引起第二性徵的發育：男孩臉部毛髮和聲音的變化、女孩體內脂肪的選擇性增加和臀部變寬，以及兩者都會發生的顯著成長。

這個快速成長的時期需要非常驚人的能量，而由於荷爾蒙支配體內能量的運用，因此，青春期不僅和明顯的生理變化密切相關，也和我們的新陳代謝功能息息相關。

要瞭解新陳代謝如何與青春期相互配合，我們需要瞭解另一種荷爾蒙的作用：瘦體素。瘦體素是一種由脂肪組織分泌的代謝荷爾蒙，當你身上的脂肪組織愈多，通常就會有愈多瘦體素在你的血液裡循環。你可能聽說過，瘦體素是發送「我吃飽了」的訊號到大腦的荷爾蒙，讓身體知道什麼時候是已經吃飽了；但瘦體素還能發揮更多作用，包括通知大腦說：體內已有足夠的脂肪進行性方面的發育。從根本看來，瘦體素會增加大腦中促性腺激素釋放荷爾蒙的生成量，從而驅動青春期的發生。這種影響是如此強烈，以至於光是注射瘦體素，就足以誘發小鼠進入青春期。

乍看之下，青春期這個主題與其他荷爾蒙存在極大關聯，和胰島素似乎沒什麼關係。然而，**胰島素和瘦體素彼此間事實上存在高度的關聯性，而且會互相影響**。隨著胰島素的升高，它會刺激脂肪細胞生成瘦體素，進而啟動腦內性荷爾蒙前驅物的生成，接著再刺激性腺。正因為胰島素在此

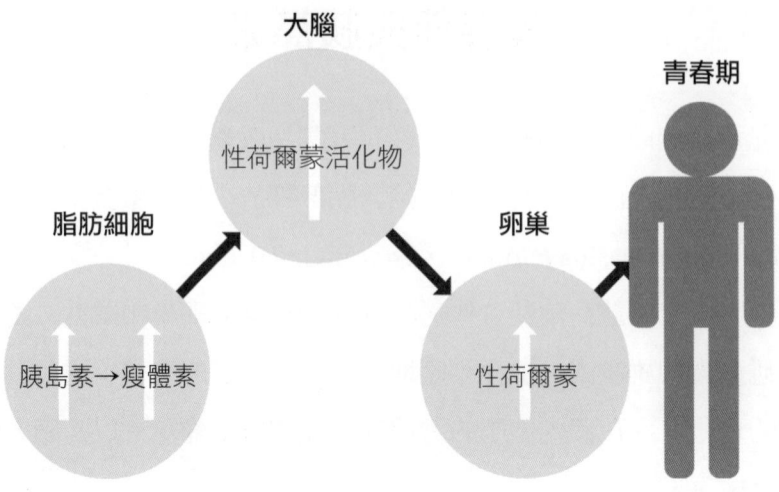

有一定的作用,所以,我們的新陳代謝健康與我們的營養對「青春期何時開始」產生強大的影響。

營養過剩與性早熟

決定青春期何時開始的因素很多。當中,部分因素是可預期的(像是家族史),而其他因素則不可預期——舉例來說,一個很令人驚訝的發現是,婚姻關係良好的父母,女兒青春期可能會比家中父母關係不好的女孩開始得晚。話說回來,青春期何時開始最重要的一項決定因素,是一個人的營養狀況和體脂肪品質,而且,可能是因為女性背負生產過程中的代謝負擔,必須身懷發育中的胎兒並餵養新生兒,因此女孩的青春期對新陳代謝和營養狀態似乎比男孩要敏感得多。

近年來,營養狀態發生全球性的改變。我們曾擔心世界各地的人們沒有足夠食物,但現在更普遍的問題是人們吃下太多食物,而且過量食用的大部分食物都是精製、會刺激胰島素的碳水化合物,例如糖。與營養和生活方式的這種轉變同時發生的,是同樣急劇增加的血液胰島素濃度。

你已經知道胰島素會驅使身體脂肪的生長——隨著胰島素的攀升，它會促使脂肪細胞的發育和生長，同時阻止這些細胞中儲存的脂肪分解，而隨著脂肪細胞的擴張，它們會分泌更多的瘦體素進入血液中。瘦體素和胰島素之間的關係，在青春期會變得格外重要，尤其它可能會影響「性早熟」，即提前進入青春期。

　　全球過度飲食的危機，就是在數十年過後，隨之帶來胰島素和瘦體素的變化，對人們的青春期造成明顯的影響。目前正常進入青春期的年齡是女孩從大約8～12歲、男孩從9～14歲。然而，我們目前的生活方式，與較早之前、以及與人類歷史上可能所有世代都截然不同。從這個角度來看，西元1800年代中期時，女孩進入青春期的平均年齡是在16歲左右，到了1900年代早期，女孩進入青春期的平均年齡降低到14歲，然後這個數字又在1900年代中期和晚期，分別降低到13歲和12歲。現在的女孩進入青春期的平均年齡是10歲以下——與十九世紀中期的差異幾乎達到了7歲！

　　肥胖症和性早熟之間的關聯性已經明確到足以量化；2～8歲間的身體質量指數（BMI，體脂肪的約略指標）每增加一個單位，就會提前大約一個月進入青春期。換句話說，如果一名年輕女孩的BMI在上述年齡段期間比平均增加5個單位（這是非常可能發生的變化），她的青春期可能會比正常預期的時間提早半年開始。

　　對於造成這些變化的原因已有一些推測，許多理論集中在女孩接觸可見於清潔劑與塑膠製品中的類雌激素分子。儘管這可能有影響，但胰島素阻抗和高胰島素血症所起的作用也不可否認——過多的胰島素驅使過多瘦體素生成，進而導致性早熟。醫療介入針對的是增加胰島素敏感性（詳見第三部分〈如何對抗胰島素阻抗〉），隨著胰島素和瘦體素的減少，延緩進入青春期的年齡，使其恢復正常。

營養不良對青春期的影響

儘管沒有那麼常見，但營養不良和青春期值得強調一下。如果孩童有營養不良的情況，它對青春期的影響會取決於缺乏足夠食物在「何時」發生。

第一種情況，如果一名孩童出生時的體重低於他應有的理想體重，通常他會在出生後的幾年趕上同齡人，並在接下來的幾年內，在體脂肪增長方面超過他們。基於這個原因，出生時體重過低的兒童通常會和同齡人同時經歷青春期，此外，他們的青春期時間也可能早於出生時體重正常的孩子們——對女孩來說尤為如此。

別忘了，出生體重低於平均值的嬰兒，日後發生胰島素阻抗的風險會提高。因此，這些出生時相對營養不良的孩童，在體脂肪追上、然後超過正常水準的同時，他們生命中的胰島素一開始相對較低，卻會接下來的幾年內提高，並發展出胰島素阻抗。高濃度的胰島素會使瘦體素濃度增加，而使青春期更可能提早開始。

第二種情況，在青春期前的童年期經歷營養不良但出生體重正常的孩童。這樣的孩童會因為其飲食和生活方式而使得體內的胰島素濃度非常低，從而導致體脂肪非常少。這種情況會反過來引起瘦體素生成不足，導致青春期延遲開始。這個現象最好的例子，就是接受嚴格訓練與控制飲食，藉此盡量透過降低體脂肪並增加肌肉量來提升表現的年輕女性運動員，青春期的延遲在這些菁英運動員當中非常普遍。

> 第二種營養不良造成青春期延遲的例子，是患有神經性厭食症（anorexia nervosa）、處於自我約束飢餓狀態的人。孩童處在這種狀態下，青春期通常會延遲開始，而且在某些案例當中，身體的性發育可能受到永久性阻礙，即使日後營養充足也是如此（例如乳房發育不良）。

/ / / / / / / / / / /

繁殖，是要求極高的一段過程，考慮到生育下一代的風險，身體會希望能確保一切正常運行，這包括新陳代謝功能。**胰島素，是所有代謝荷爾蒙之王，是體內代謝狀況的有力指標**——高胰島素濃度會敲響警鐘。從大腦到卵巢和睪丸，胰島素不是會促進就是會阻撓生殖。正常的胰島素濃度和反應良好的代謝健康，能促進正常的生育力。

儘管生育方面的問題會令人感到沮喪，但它們鮮少會被劃分在「令人恐慌」的範疇內，這是屬於下一個健康併發症的領域。儘管生育問題和癌症截然不同，它們確實有一項共通之處——在不同程度上，它們都受到胰島素的影響。

05 增加癌症風險

癌症是美國第二大死因，但它已經愈來愈有成為頭號殺手之勢。癌症會對任何器官造成影響，乳癌和攝護腺癌分別是女性和男性最常見的癌症，而肺癌則是最致命的。美國每年有1600億美金花費在癌症治療上（治療癌症帶來的全球經濟負擔則大約是1.2兆美金），但仍然有愈來愈多人因為癌症而死去，顯然這項投資並沒有帶來預期的成效。

讓癌細胞失控生長的二大因素

癌症有不同的可能病因，一般的共識是，癌症是由遺傳突變或基因損傷所導致。不過，挑戰這個結論的證據正在增加當中，或許，癌症並不是一種遺傳疾病，反而是新陳代謝方面的疾病。雖然目前尚有爭議，但新陳代謝理論並非沒有顯著的支持證據，有些證據在一個世紀之前就已經開始出現。

無論具體病因為何，癌症本質上是一種細胞增殖的疾病；特定細胞開始不受控制地繁殖。胰島素則因為能推動癌症細胞生長得更快，而成為這個方程式中的一部分。在患有胰島素阻抗的情況下，我們面對的是一個糟糕透頂的結局，涉及能讓癌細胞茁壯成長之兩種主要因素。

首先，癌細胞似乎對甜食情有所鐘，它們熱愛葡萄糖。

正常來說，我們的細胞會源源不斷地獲得營養素，不過，由於我們的身體並不希望細胞不受控制地繁殖，因此我們體內有自然的控制系統，也就是說，只有在被稱做「生長因子」的物質明確要求時，健康細胞才會吸收營養。當接收到訊號，正常細胞會吸收營養素，並依賴酵素燃燒這些營養素，藉此釋放能量、變成我們身體的燃料，而這個能量產生過程，發生在我們細胞的粒線體內。至於癌細胞，則會重新調整它們的代謝過程，用不同方式獲得能量。

將近一百年之前，德國醫師兼科學家奧圖‧海因里希‧瓦柏格（Otto Heinrich Warburg）發現，癌細胞幾乎完全依賴葡萄糖做為它們的主要代謝燃料。此外，瓦柏格的研究還顯示，癌細胞不是用它們的粒線體分解葡萄糖，而是在粒線體外分解葡萄糖，不需要氧氣的參與（這個過程的專有名詞叫「無氧醣解反應」），我們現在則將這個現象稱為「瓦氏效應」。這種嚴重偏離常規的做法，讓癌細胞能快速在體內各處生長，包括可能沒有足夠血流供應（因此沒有足夠氧氣）的位置。

第二點，在患有胰島素阻抗的情況下，血液胰島素濃度會升高。

當你知道到胰島素的主要作用之一就是促使細胞生長時，很容易便能意識到這當中的窘境。胰島素的合成效應也會增加癌細胞的增長，尤其是在癌細胞能讓自己對胰島素變得比正常細胞還敏感的情況下。因此，在高血液胰島素濃度發送訊號讓脂肪細胞生長的同時，任何已經突變、對胰島素更敏感的癌細胞便會得益於這種來自胰島素的助力，而生長得比正常細胞要快很多。

為了進一步強調胰島素在癌症中的相關性，癌症最常被研究的方向之一，是一種被稱為「類胰島素生長因子-1」的物質。和胰島素一樣，這種

蛋白質能促進人體的整體生長,這通常是一件好事,但這也是許多癌症的常見特徵。

葡萄糖和胰島素這兩種訊號的組合,對於瞭解高胰島素血症患者(無論胖瘦)死於癌症的風險為何是一般人的2倍非常重要,而讓人感到更糟糕的發現是——乳癌、攝護腺癌和大腸癌,與胰島素阻抗之間存在更密切的關聯性。

乳癌與胰島素阻抗

乳癌可能是最常與胰島素阻抗連結在一起的癌症,乳癌也是美國女性最常見的癌症(男性也可能罹患乳癌,但十分罕見——少於1%的病例,註:乳癌也是臺灣女性十大癌症之首)。然而,乳癌卻不是全球最常見癌症,這個事實突顯出「環境」在包括癌症在內等眾多疾病中的重要性,而胰島素阻抗與我們的環境之間有非常強大的相關性(第二部會探討)。

空腹胰島素濃度最高的女性(即患有胰島素阻抗的女性)是乳癌的預後最差的群體。別忘了,胰島素會使細胞生長,包括癌細胞在內。不過,增加的胰島素可能只能解釋一部分胰島素和乳癌的關聯性。一般乳癌腫瘤的胰島素受體數量是非癌症性乳房組織的6倍以上。多出6倍!那表示這種惡性組織對胰島素和它的生長訊號的反應比正常組織高出6倍。

說到底,由於多年來我們一直持續觀察到胰島素阻抗與乳癌之間的關係,因此,當試驗開始使用胰島素增敏劑治療癌症患者,並看見病情有所改善,就一點也不足為奇。從根本上來說,研究人員發現,控制胰島素阻抗有助於控制乳癌。

與此相關的,是脂肪組織本身所扮演的角色。我們之後將用兩章的

篇幅探討胰島素阻抗與肥胖症間錯綜複雜的關係，而且我們先前已強調過，多餘的體脂肪會使循環中的雌激素增加（參見第75頁「脂肪中的卵巢」）。乳房組織對雌激素很敏感──雌激素會對乳房組織發送生長訊號，當上述情形過度發生時（例如在罹患肥胖症的案例中），乳房組織更可能過度生長，增加乳癌發生的風險。

攝護腺癌與胰島素阻抗

攝護腺癌是美國男性最常見的癌症（註：在臺灣男性十大癌症中則排第五），隨著男性逐漸年老，攝護腺癌也變得愈來愈普遍，而攝護腺癌同樣與胰島素阻抗之間存有強大的關聯性。

和乳房一樣，攝護腺是對荷爾蒙高度敏感的組織；它會根據荷爾蒙訊號生長或縮小。雖然睪固酮是主要的荷爾蒙訊號，但胰島素也產生一定的作用。

在男性開始憂慮攝護腺癌之前，他先要擔心的是攝護腺變得太大的問題，也就是被稱為「良性攝護腺肥大（benign prostatic hyperplasia）」的狀況。攝護腺肥大是男性老化過程中相當常見的情況，通常會導致排尿困難（變大／不斷生長的攝護腺會阻塞尿液由膀胱排出的出口）。患有胰島素阻抗的男性，其攝護腺肥大的可能性，比胰島素敏感的男性高出2～3倍。所以，高胰島素濃度意味著低排尿流量。

胰島素阻抗程度高的男性，其發生攝護腺癌的機率，比同年齡、同種族且體重相同但對胰島素敏感的男性高出250％。事實上，攝護腺癌和胰島素阻抗同時發生的情況是如此普遍，以至於某些科學家會質疑，胰島素阻抗另一個最終會出現的症狀是否就是攝護腺癌。更關鍵的是，一項針對

500名男性進行的分析發現，胰島素（而非葡萄糖）與攝護腺癌的風險呈正相關。

然而，胰島素和攝護腺的關係並不僅止於血液中增高的胰島素濃度。與乳癌類似，惡性與良性攝護腺腫瘤兩者相當常見的特徵是<u>過多胰島素受體的存在</u>。因此，攝護腺中過多的血液胰島素和數量增加的胰島素受體再次結合，產生強大的「生長」訊號，刺激攝護腺生長到超出正常極限。

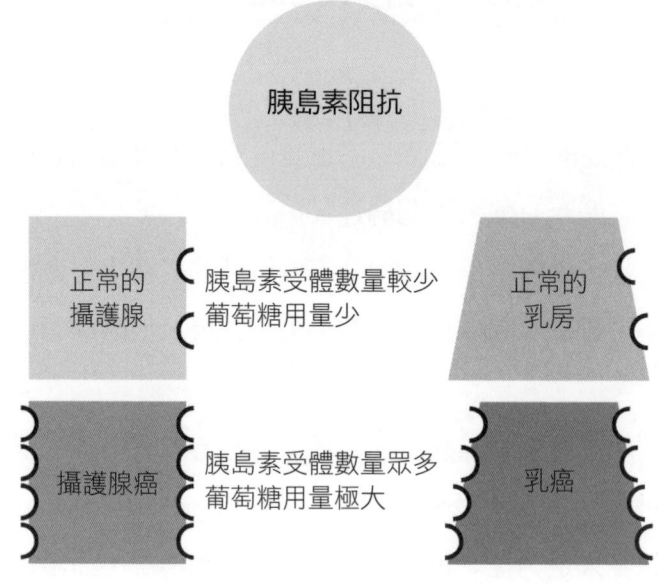

大腸癌與胰島素阻抗

胰島素阻抗與下消化道（包括結腸和直腸）發生癌症的風險增加有關，此外，胰島素阻抗也使得大腸癌變得更加致命——確實，相較於未罹患胰島素阻抗的患者來說，患有胰島素阻抗的大腸癌患者死於大腸癌的機率高出大約3倍。

高胰島素血症始終伴隨（導致）胰島素阻抗這件事，可能是大腸癌發生的主要推手。胰島素過多已被證實會增加腸道最外層（黏膜層）的細胞數量，這看似是件好事，但當我們想到癌症就是細胞過度增生和繁殖方面的問題時，或許這就不是那麼無害了。

///////////

癌症是種可怕的疾病，一部分是因為它似乎是隨機的，例如「每件事都做對」的人仍然可能罹患癌症，而有些終身吸菸的人卻安然無恙。毫無疑問地，這當中存在非我們所能控制的變數——例如年齡和遺傳。如此看來，重視我們的環境和所吃的食物這些可控制的變因，是減輕罹癌風險、在我們真的罹癌時改善預後最合理的策略。

對癌症來說，並沒有單一一種最相關的「參與者」，然而，胰島素阻抗顯然占據主導性地位。值得慶幸的是，這也是個我們可以對其採取措施的因素。

既然我們已討論過癌症這個沉重的話題，是時候來討論「填充物」，也就是我們身體中，所有構成讓我們得以活動和工作之能力的部位。你將發現，即使是這些部位，也會受到胰島素變化的影響。

06

胰島素是老化的肇因

人至中年，我切身體會到：我不再和過去一樣了。確實，我變得更明智，但我的身體無法再像從前一樣活動，外形也不像過去那樣，我猜你可能也已經有同樣的體會。隨著年齡漸長，身體會經歷大幅度的變化：皮膚變得鬆弛乾燥、肌肉開始無力、骨骼可能會變得有孔洞且易碎。我們無法充分瞭解老去的機制，但因為無人能倖免，故而對老化非常好奇是可以理解的。

用最簡單的方式來說，老化是我們的細胞失去自我補足能力的總體結果，這會轉化到我們的器官，最終使我們的身體無法發揮和從前一樣的功能。在我們對老化的詳盡研究中，有許多理論被提出來解釋我們為何變老，每種理論都有支持的證據。其中包括部分著名理論，例如限制細胞複製次數的先天性遺傳限制或根據有害的環境因子會導致細胞損傷的概念，例如氧化壓力或發炎反應。而近期一項較新穎的理論，則主張胰島素阻抗是老化的肇因，而且提出的證據令人信服。

以包括酵母菌、蠕蟲（註：應該是指線蟲，生物科學研究老化的重要模式生物）、蠅類（註：應是指生物科學實驗常用的果蠅）和小鼠等數種生物所進行的實驗，為胰島素阻抗與壽命長短有關提供決定性的證據。在這些生物身上，減緩胰島素的作用——也就是藉由降低胰島素濃度或選擇性地阻斷它

老化與低熱量的爭議

數十年前，老化「損傷理論」提倡者提出限制熱量的飲食能延長人類壽命的假設。這個理論中，最令人信服的是以動物中與人類親緣關係最接近的猴子為對象所進行的研究。

西元2009年，當科學家發現限制熱量確實會帶來壽命平均獲得延長的效果時，人們對這個理論產生了極大的熱情。但後來卻發現，限制熱量但因「老化以外」（例如感染等原因）而死亡的動物並未包括在研究當中，而當上述這些猴子也被納入計算後，平均壽命就沒有產生什麼差異了。

後來在西元2012年，當另一項以猴子為實驗動物所進行的類似研究發現限制熱量的飲食並不具有壽命方面的益處時，這個理論便再次受到打擊。

的作用，會讓這些昆蟲或動物比正常情況延長高達50％的壽命。更重要的是，這不僅包括胰島素訊號經過基因改造的生物，甚至還包括那些僅透過飲食維持低濃度胰島素的生物！然而，這些發現卻不見得適用於人類。

試圖把所有老化的問題或它的根本成因完全歸咎於胰島素阻抗，是很愚蠢的事，但儘管如此，支持「胰島素是老化的肇因」理論的一項關鍵事實是，最長壽的人類也是對胰島素最敏感的——即使在控制包括身體素質和性別在內等看起來很明顯的變因之後，結果仍是如此。除此之外，胰島素相關基因出現特殊變異的人，比那些沒有變異的人壽命更長。同時，目前的研究也支持胰島素增敏藥物可能可以延緩老化的主張。

儘管變老的實際過程是多種因素共同作用的結果，但幾乎老化的每一個特徵，包括皮膚的變化、肌肉量減少、骨質流失與更多其他狀況，都是胰島素阻抗帶來的後果。

皮膚與胰島素阻抗

皮膚是由許多不同類型的細胞所構成，每種細胞都有不同的功能。皮膚也出人意外地對胰島素有所反應。你可能已經聽說糖尿病會導致皮膚的問題——糖尿病患者容易有皮膚極度乾燥、發癢的情況；很容易出現皮膚感染；還可能會有傷口不易癒合的問題。雖然這些病徵通常源自於高血糖和（或）循環不良，但其實有數項皮膚的病理與胰島素的變化有關，而且這些病徵有許多早在成年期之前就已發生。

黑棘皮症

黑棘皮症可能是罹患胰島素阻抗最早的跡象。這種病症與過度活躍的黑色素細胞（melanocyte）有關，這些細胞深埋在皮膚內，會生成一種叫做「黑色素」的分子——這是為皮膚帶來色素或色調的物質，顏色深的皮膚有較多黑色素，而淺色的皮膚黑色素較少。

和體內所有的細胞一樣，黑色素細胞對胰島素敏感；**高血液胰島素濃度會讓黑色素細胞過度活化，最終讓黑色素生成的量增加到使皮膚呈現比正常更深色調的程度**。但這不是仿曬的替代品！這種變黑的情況最常出現在皮膚互相摩擦的地方，像是脖頸、腋窩還有鼠蹊，但也可能以大片斑塊的形式，出現在軀幹、手臂、腿或臉的任何部位。這些色素方面的變化通常顯而易見，但在膚色較淡的人身上可能會更加明顯（更重要的是，口腔

內的深色斑塊是黑色素瘤（一種黑色素細胞癌）發生的潛在跡象，應特別注意）。

任何患有胰島素阻抗的人，包括肥胖症或第二型糖尿病的患者，都更有可能會發現像黑棘皮症這種皮膚方面的變化。此外，黑棘皮症可能發生在任何年齡，甚至會影響患有胰島素阻抗的兒童。

皮膚贅瘤

你是否曾經對那些可能曾經有過、或在別人身上看過的小小皮瓣感到好奇？它們的正式名稱是「皮膚贅瘤（acrochorda）」，俗稱為「肉疣（skin tags）」，這些小突起經常伴隨著黑棘皮症出現，因此通常也會出現在相同的特定區域（脖頸、腋窩、鼠蹊）。與對胰島素敏感的對照者相比，患有胰島素阻抗的人更容易出現皮膚贅瘤。**胰島素阻抗和皮膚贅瘤之間的關聯可能是高胰島素血症刺激構成皮膚結構的細胞（角質細胞）生長分裂的結果。**

牛皮癬

牛皮癬是一種慢性發炎性皮膚病，通常會以尋常性乾癬（psoriasis vulgaris）的形式表現——邊界清晰、被白色或銀白色鱗屑覆蓋的淡紅色或粉紅色皮膚斑塊，通常發生在手肘和膝蓋、頭皮或上腹部。牛皮癬可能在任何年齡發生，不過最常見於青春期到35歲之間。

我們並不知道牛皮癬的病因，不過似乎與免疫系統和遺傳有關。儘管如此，牛皮癬與胰島素之間仍有著某種聯繫。患有牛皮癬的人，發生胰島素阻抗這類代謝併發症的機率明顯高出許多——事實上，這中間的關聯性如此密切，使得**牛皮癬患者出現胰島素阻抗的機率幾乎是正常人3倍。**

胰島素阻抗與聽力喪失

聽力喪失和眩暈發作，通常被大家認為是老化所帶來令人遺憾且難以避免的結果，然而事實上，導致這些問題的，或許不是我們的年齡，而是隨著我們逐漸老去而累積的代謝紊亂。

幾乎所有人都會隨著變老而失去部分聽力，也就是所謂的「老年失聰」。事實上，老年失聰是如此常見，以至於它被認為是伴隨著老化出現的頭號溝通障礙。我們則發現，即使控制體重和年齡等變因，若一個人患有胰島素阻抗，內耳功能也會明顯受損——尤其是**胰島素阻抗愈嚴重，就愈難聽見低音**。

另一種常見的耳疾是梅尼爾氏症，這種疾病被認為是內耳積水的問題，可能導致眩暈、耳鳴和聽力喪失。梅尼爾氏症和胰島素阻抗之間的關聯性非常強大：一項研究發現，**76%的梅尼爾氏症患者也有胰島素阻抗的問題**。

其他資料顯示，**高達92%有耳鳴問題的人患有高胰島素血症**！受耳鳴之苦的人很可能處於胰島素阻抗的某個階段。確實，著名的耳鼻喉科醫師威廉‧阿普德古拉夫（William Updegraff）四十多年前首次對此關聯性進行探討後大膽宣稱：導致眩暈「最常見且最常被忽略的原因是葡萄糖代謝失調」。

痤瘡

儘管整個成年期都可能發生，但痤瘡通常在青春期的時候最為明顯，其典型特徵是臉部、脖頸、背部或其他部位出現的過多粉刺（黑頭或白

頭）。不論是纖瘦或過重，有痤瘡的人，其血液中空腹胰島素濃度比沒有痤瘡的人高。

一項研究藉由提供葡萄糖溶液給長痤瘡和沒有痤瘡的年輕男性飲用，探討胰島素阻抗與痤瘡間的關聯性，當中值得注意的是：體重過重並有痤瘡的受試者，胰島素濃度飆升超過4倍；纖瘦且有痤瘡的受試者，胰島素濃度的數值上升超過1倍。

我們已討論過許多胰島素阻抗所帶來嚴重且可能威脅生命的後果，那些狀況雖然很值得注意，卻很難「親眼看見」──

你看不見腦內生成斑塊或血壓升高，但是，你看得見自己皮膚發生的變化。

肌肉功能與胰島素

在一般中年人的身上，肌肉約占身體質量的25％～30％，這使得肌肉成為體內最大的胰島素敏感組織。肌肉對胰島素的反應性也非常強，這會引發幾個重要效應，例如促進肌肉的生長和維持，以及調節蛋白質的新陳代謝。

在患有胰島素阻抗的情況之下，肌肉就顯得非常重要，因為我們的肌肉量、還有肌肉對胰島素的敏感程度，在很大程度上，決定我們整個身體對胰島素有多敏感。這主要取決於肌肉對胰島素做出反應、而從血液中吸收葡萄糖的能力。當葡萄糖濃度因此而下降的時候，胰島素就會回歸到基準線。

胰島素敏感性會隨著肌肉量的增加或減少而出現相應變化。這自然代表如果我們擁有更多肌肉，我們就有更多「空間」存放葡萄糖，將其由血

液中移出，這有助於保持低胰島素濃度，並讓胰島素敏感性維持在較高的程度。

在出現胰島素阻抗的情況下，肌肉的胰島素敏感性大約會下降至應有敏感性的一半，而且肌肉通常是最早變得對胰島素有抗性的組織之一。**胰島素阻抗會損害健康的肌肉功能，可能導致肌肉流失、肌肉力量下降和效能減退。**

肌肉流失

肌少症指的是伴隨著老化發生的肌肉流失，中年之後，我們每年會流失約1%肌肉。

當然，在某種程度上來說，肌肉的流失是正常老化的一部分，是數種荷爾蒙變化所造成的結果，包括生長激素和雄激素。然而，隨著肌肉對胰島素的作用（包括合成代謝作用在內）產生抗性，肌肉便喪失有效的生長訊號。

為了肌肉的維持或生長，肌肉必須製造足夠的細胞內蛋白質以彌補任何蛋白質的流失。這個現象被稱為「蛋白質轉化」，結果可能是負的（肌肉流失的蛋白質比製造的多）、中和的（蛋白質流失與蛋白質生成互相匹配），或者是正的（肌肉製造的蛋白質比流失的多）。胰島素能在刺激肌肉蛋白質生成的同時，阻止肌肉蛋白質的降解，協助肌肉的蛋白質轉化處於中和、甚至為正的狀態。但當然，這一切都要視肌肉對胰島素的感測與反應情況而定。

除了老化的影響，相較於同齡的胰島素敏感者，有胰島素阻抗問題的人，其肌肉蛋白質的降解相對增加。換言之，**如果你患有胰島素阻抗，將很難促使肌肉生長、甚至肌肉量也會受影響。**

胰島素與健美運動員

和任何運動員一樣，競技（和競技性沒那麼強的）健美運動員對任何能為他們帶來優勢的策略都很感興趣。有時候這會包括像是合成類固醇和人類生長激素等非法的物質；有些人則會轉而尋求像是胰島素等良性荷爾蒙的協助。胰島素刺激骨骼肌生長的能力是貨真價實的，但（我希望這一點現在已經很清楚了）當胰島素濃度長期增高時，它一點也不無害。知情的使用者會需要考慮除了肌肉生長以外的影響，包括胰島素阻抗、高濃度的血液膽固醇、失智症等等。不過幸好，至少你已經擁有了大塊的肌肉……當然，那指的是直到不斷惡化的胰島素阻抗使那些肌肉愈來愈難維持為止。

纖維肌痛症

纖維肌痛症是最為常見的全身性疼痛疾病之一。在回答「你感覺如何？」這個問題時，纖維肌痛症患者可能只會回答：「就是痛啊！」範圍廣泛的肌肉疼痛，通常還伴隨著疲乏、記憶問題和情緒問題，這些症狀使人沮喪，而且許多纖維肌痛症患者從未得到關於疼痛原因的解釋。有些人是在手術、感染或發生身體創傷後才首次經歷這種症狀，但在其他案例中，則並沒有明顯的觸發原因。不過，非常近期的發現顯示胰島素阻抗可能是纖維肌痛症的肇因——在〈胰島素阻抗是否為纖維肌痛症之肇因：初步報告〉中，研究人員揭示：纖維肌痛症患者明顯更可能在控制胰島素和葡萄糖方面遇到困難。

很明顯地，胰島素阻抗會對我們的肌肉造成嚴重破壞；胰島素在維持肌肉健康和強壯方面有著重要作用。當然，如果沒有可使其活動的堅固結構，我們的肌肉就是毫無用處的——正是我們的骨骼和關節構成了這個堅固結構。

骨骼、關節與胰島素

我們的骨骼不只提供了讓我們得以站立和移動的結構，也保護我們的器官、儲存礦物質，還能製造紅血球與白血球。

和大多數組織一樣，骨骼經常變化。

就如同肌肉有大量蛋白質的需求那般，骨骼的健康需要骨基質的更新：骨骼會不斷地分解和重建其內含物，鈣和其他礦物質會一直被添加入骨骼中和從骨骼中被取出，而這牽涉到兩種主要細胞的作用：強化和生成新生骨骼以替換舊骨的成骨細胞（osteoblast）和降解舊骨的蝕骨細胞（osteoclast）。這兩種類型的細胞攜手合作，以確保我們的骨量（骨密度）充足且健康。

骨骼的胰島素訊號所受到的關注，遠沒有像肌肉胰島素訊號那麼多，因此我們對骨骼胰島素阻抗的瞭解也較少。不過，我們開始瞭解到更多資訊，而胰島素很顯然對維持骨量有幫助——至少有一部分成骨細胞功能和蝕骨細胞功能的合作成果，是基於胰島素對這兩種細胞所產生截然不同的影響。

胰島素會刺激成骨細胞活性、促進骨骼生長，它會抑制蝕骨細胞的作用、減少骨骼的降解。總體來說，胰島素能藉由支持生長並防止流失而使骨骼增加。

骨骼能決定胰島素敏感性嗎？

除了關鍵的骨骼生成作用之外，成骨細胞也會分泌骨鈣素（osteocalcin）這種荷爾蒙。在一項小鼠研究中，注射骨鈣素能改善胰島素阻抗並預防第二型糖尿病的發生。值得注意的是，這種關聯在人類身上持續存在：骨鈣素濃度低的人患有胰島素阻抗的機率要高出許多，反之亦然。

這項發現的意義可能在於維他命D所產生的作用——成骨細胞需要維他命D來生成骨鈣素。確實，這或許可以解釋維他命D為何如此經常與改善胰島素阻抗連結在一起。

此外，西元2019年一項針對男孩的研究發現，胰島素阻抗與青春期骨骼生長受損有密切的關聯。

骨量減少

我們許多人都聽說過骨質疏鬆症，這種疾病使骨骼在患病後的狀態變得既薄且脆。

在骨質疏鬆症發展的過程當中，我們往往也會經歷到骨質缺乏（註：又稱低骨量、低骨密度），這類骨骼會變得比正常骨骼薄和脆弱，但尚未達到骨質疏鬆的地步。探討胰島素阻抗對骨骼健康影響的研究人員，還必須面對體重帶來的複雜問題：無論是因為脂肪或肌肉而使得體重較重，較大的體型會擁有較大的骨架；胰島素阻抗則與較多的體脂肪有關。

大量證據顯示，**儘管胰島素阻抗患者的骨量可能是正常的，或甚至高於正常值**（這可能與他們以較重的體重四處活動有關），**但很矛盾的是，**

他們的骨骼強度（註：包括骨密度和骨骼品質）下降，而且更有可能發生骨折。然而，關於在患有胰島素阻抗的情況下我們骨骼的健康狀態會發生什麼事，研究人員之間並沒有一致共識：數篇報告顯示出截然不同的發現，不過，這種混亂狀況可能是胰島素阻抗患者服用的不同藥物所致。

骨量不僅關乎我們能否四處活動，對那些面對攸關性命的重症，需要進行極端、能改變人生手術的病患也有重要意義。特別是需要進行骨髓移植的白血病患者（一種血液細胞癌症），這代表他們的骨骼內會充滿來自旁人的細胞。有一群科學家想要瞭解，在這個過程中（註：指接受骨髓移植後）發生骨質流失和那些沒有出現骨質流失的患者之間有何不同，一個有趣發現是：與胰島素敏感的人相比，患有胰島素阻抗的患者更有可能經歷骨量減少——事實上，胰島素阻抗是區分這兩個群體的唯一變因。

骨關節炎

儘管良好的骨骼健康被公認為是高品質生活所必須的，但若沒有健康的關節讓它們能夠活動，那麼骨骼的作用便可能相當受限。骨關節炎——也就是關節軟骨流失——曾被認為是過度磨損所造成的疾病。因為骨關節炎常見於肥胖症，許多醫師便認為這種疾病單純是關節長期承受過重負擔的結果，然而，這種病症近年來已逐漸被認同是一種代謝疾病。和許多組織一樣，實際上我們的關節對包括胰島素在內的代謝訊號十分敏感。研究人員發現，各種體重超重的個體中，骨關節炎患者最有可能體內的胰島素濃度最高。

關節的基本組成成分是軟骨，而軟骨則是包覆在連接成為關節之骨骼末端上的平滑、有彈性的結締組織。軟骨中的主要細胞，是軟骨細胞（chondrocyte）——當然，它們對胰島素有所反應。這些細胞負責生成和

維持被稱為「基質」的軟骨襯墊；軟骨襯墊主要是由膠原蛋白和軟骨細胞利用葡萄糖生成的物質所構成，而且軟骨細胞需要胰島素吸收上述過程中必要的葡萄糖；由此可知，**有胰島素阻抗的軟骨細胞無法維持軟骨襯墊，而最終會使得軟骨遭到削弱。**

除了襯墊以外，關節的另一個重要組成是關節的「潤滑油」──滑液（synovial fluid）。滑液是由叫做滑膜細胞（synoviocyte）的特化細胞所製造，和軟骨細胞一樣，滑膜細胞在協助關節能良好運作方面扮演關鍵角色。**當滑膜細胞暴露在高濃度胰島素下時，它們會經歷免疫細胞的入侵，導致關節的發炎反應加劇，同時使滑液的生成減少。**少了這個潤滑液，齒輪（關節）就會磨損。

骨關節炎不該和風濕性關節炎混為一談，風濕性關節炎是慢性發炎性關節疾病。風濕性關節炎帶來的發炎反應有可能會增加胰島素阻抗發生的可能性（第十二章將討論發炎反應在胰島素阻抗中所扮演的角色）。事實上，病況的嚴重性和活躍性可能會隨時間而起落，而伴隨發生的胰島素阻抗嚴重程度也會同樣變得更高或更低。

葡萄糖胺會降低胰島素敏感性

許多有關節痛的人會服用某種形式的葡萄糖胺，這可能可以改善關節健康並減輕關節痛，不過證據模稜兩可。要注意的是，儘管葡萄糖胺或許可以改善關節，卻非常有可能讓你的胰島素阻抗變得更嚴重──這項證據非常明確！**葡萄糖胺會降低人類和齧齒類動物身體的胰島素敏感性。**

痛風

痛風是一種發炎性關節疾病，罹病時，尿酸結晶會堆積在關節處，伴隨尿酸結晶而來的還有發炎反應。最常受到影響的是四肢的關節，包括腳（尤其是大腳趾）、腳踝、手指和手腕。

正常來說，**腎臟會將尿酸排進尿液裡，並從體內排除，但胰島素阻抗會改變這個過程，使得腎臟累積尿酸而非將其排除**。接著，尿酸便會在血液中聚積，並沉澱在剛才提到的關節裡，引發局部發炎反應，造成痛風典型的紅腫現象。

/ / / / / / / / / / /

我們的肌肉、骨骼和皮膚有一個共同的主題——它們將身體「連接」在一起，使其成為一個整體。這個用於連接的組織需要胰島素的作用維持強度和完整性，但這並非這些體積龐大（肌肉和骨骼）和極具彈性的組織皮膚所獨有，在看過覆蓋我們和讓我們活動的組織之後，讓我們再回到體內，看看胰島素阻抗如何改變滋養和清理我們的組織。

07 影響消化道與腎臟健康

腸道和腎臟對我們的生命所至關重要,並且共同擔負著維持身體清潔的責任。它們的作用是阻擋有害物質進入或停留在我們的系統內,並將那些物質由體內排出。不幸的是,它們都極易受胰島素阻抗的影響。**數目驚人(約63%)的胰島素阻抗(第二型糖尿病)患者會遭遇消化道問題,此外,胰島素阻抗也是導致腎衰竭的頭號原因。**因此,我們對胰島素的反應與消化道健康和腎臟健康密切相關;如果我們期望這些器官能在最佳狀態下運作,我們就需要控制好胰島素。

消化作用與胰島素

消化道包括從嘴到肛門的一切,此外還有多個器官,例如肝臟、膽囊和胰臟;這些參與的成員共同發揮作用,消化食物並把營養素從腸道吸收到血液中。這個過程牽涉到多個不同步驟:我們咀嚼並嚥下食物(此時唾液中的酵素便開始消化過程),而當食物移動通過腸道,一些腺體會分泌消化物質進入腸道,這些物質會將食物分解成較小的分子,然後這些較小的分子會移動穿過腸道細胞進入血液中。每個步驟都需要與前一步驟協同運作,而**胰島素阻抗可能會對所有的步驟造成問題。**

逆流性食道炎

　　為了消化食物，胃會產生極酸性的汁液。胃能處理這種酸，是因為胃壁附著了厚厚的保護性黏液，但食道無法耐受酸，因此，我們的身體有一圈稱為「下食道括約肌」的肌肉會關閉食道和胃之間的連接。然而，有時候胃的內含物還是會噴濺（也就是逆流）進入食道。由於食道沒有對這種極酸性混合物的防護，下部食道可能會因此產生潰瘍。

　　將近半數（約40%）的美國成人會經歷頻繁的胃灼熱，這是逆流常見的症狀。當我們回想起有超過半數的美國成人患有胰島素阻抗時，確認代謝症候群與「逆流性食道炎（Reflux Esophagitis）」及其慢性「近親」胃食道逆流疾病（註：胃食道逆流疾病分三大類：逆流性食道炎、非糜爛性逆流疾病〔non-erosive reflux disease〕、巴瑞特氏食道症〔Barrett's esophagus〕）密切相關，就一點也不足為奇了。尤其是代謝症候群的兩個主要症狀：內臟肥胖和胰島素阻抗，也在此與之發生關聯性。

　　與內臟肥胖的關聯性可能比較容易掌握：腹部有更多脂肪可能會壓迫包括胃部在內的周邊組織，將增加胃部的壓力並使下食道括約肌放鬆。胰島素阻抗可能導致內臟肥胖，但很關鍵的一點是，雖然內臟肥胖可能是逆流明顯的罪魁禍首，它其實並非單獨作案。在仔細檢查過眾多生活方式的變因時，**臺灣的醫師發現，與內臟肥胖、血壓或其他變因無關，胰島素阻抗就會使發生逆流的風險增加約15%**；簡單地說，當患者的胰島素阻抗惡化，逆流的情況也會隨之惡化。

　　隨著時間的累積，下食道開始藉由將最外層的細胞變成類似於腸壁、更結實的膜層，來保護自己免於胃酸逆流的傷害。這種情況被稱為巴瑞特氏食道症，**巴瑞特氏食道症在患有胰島素阻抗的情形下更為普遍**。若不討論其他相關疾病，巴瑞特氏食道症或許不是很嚴重、或會危及性命的病

症,不過可能會引起不適及(或)吞嚥疼痛。然而,一旦細胞開始改變,它們就可能繼續變化,有轉為惡性的可能。因此,巴瑞特氏食道症真正令人擔心的是它發展成食道癌的潛在可能性。

胃輕癱

讓我們沿著消化道繼續旅程,為了將吃下的食物推送通過腸道,並最終送出我們的身體,腸道持續地以一種被稱為「蠕動」的無意識傳輸方式收縮和放鬆。

「胃輕癱(Gastroparesis)」是一種潛在的嚴重併發症,患者的消化道(通常是胃)發生癱瘓,無法將食物往前移動。這會導致食物的滯留,而且食物可能會凝固成被稱為「糞石(bezoar)」的硬塊,在緩慢痛苦地移動通過消化道時,可能會堵塞狹窄的通道。

<u>糖尿病是胃輕癱的主因之一</u>。在糖尿病患者的情況中,胃輕癱被認為是源自於可能發生在特定神經上的損傷,即所謂的神經病變——控制胃部的神經(即迷走神經)受損,並因此較為無法誘導胃的收縮和蠕動。這種神經損傷可能是<u>血糖過量</u>(糖尿病典型特徵)所引起,然而,即便只有胰島素過量也會造成負面影響。<u>一項研究為參加者注射胰島素,人工製造出像是會伴隨胰島素阻抗發生的高胰島素血症,而食物在這些受試者消化道中的移動速度變慢將近40%</u>。

當然,在未獲得一些助力的情況下,腸道無法確實達成它們的作用。單獨運作時,腸道基本上只是一根供食物和最終廢棄物移動通過我們身體的管子。因此,它們只能輸送物質及吸收營養素和水分。為了在吸收之前進行恰當的消化作用,腸道需要依賴其他器官。關於這一部分,我們將在以下進行探討。

藥物降低葡萄糖的可能風險

　　值得注意的是，腸道和腎臟是控制葡萄糖的常見「主攻點」，而過程中會影響胰島素。因為血液胰島素和血糖結合得如此緊密（葡萄糖濃度上升會將胰島素的濃度推高），讓兩類嘗試控制葡萄糖和胰島素的藥物變得很有意思。

　　在腸道中能發揮作用的一項策略，是透過關閉葡萄糖的消化（施以 α-葡萄糖苷酶抑制劑）來強迫葡萄糖原封不動地留在腸道內，預防葡萄糖進入血液。不過，未被消化的葡萄糖會導致被稱為「滲透性腹瀉」的情況，和它的名字聽起來一樣「舒服」（註：可能指相對於其他腹瀉來說不適感沒那麼大）。

　　第二個將葡萄糖排出血液的策略，是人為地強制腎臟將血糖以異常高的濃度「傾倒」進尿液裡，但不幸的是，像這樣將葡萄糖推入泌尿道中，長居於泌尿道的細菌會因為置身於大量的葡萄糖環境中茁壯成長，進而使泌尿道感染的機率大增。

　　因此，無論是將葡萄糖留在體內（血液中）或推出體外（留在腸道或推入泌尿道），消化道及泌尿道在控制葡萄糖和胰島素方面都很有關聯。

肝臟與胰島素

　　如果我們要根據處理生理過程的數量為身體的器官做個排行榜，那麼，肝臟將會名列第一。

肝臟在排除血液中的毒素、清理老化血球細胞、儲存維他命、營養素的新陳代謝（即處理脂肪、蛋白質和碳水化合物）等方面占有十分關鍵的地位。肝臟在許多重要步驟中扮演舉足輕重的角色，可能是它成為醫學、甚至文化方面關注焦點的部分原因；在波斯文化中、尤其是在伊朗，一個常用來稱呼特殊的人的愛稱是「jigar tala」，也就是「金肝」。

　　如果肝臟沒有發生胰島素阻抗，我們可能就不會發生全身性的胰島素阻抗——肝臟可能會是第一個出現胰島素阻抗的器官。當健康的肝臟感測到血液中的胰島素時，它會吸收葡萄糖，不是立刻使用，而是為身體將其儲存起來當成備用能量。肝臟會將部分葡萄糖轉化為肝醣，這是一種由數個葡萄糖連接在一起的分子。同時，肝臟還會將部分葡萄糖轉化為脂肪。如此一來，血液中的葡萄糖總量就會降低，進而有助於降低胰島素濃度。一旦對胰島素產生抗性，肝臟就會開始創造出一種獨特的致病情況，使血糖和脂肪增加，同時可能會改變低密度脂蛋白（LDL）的大小 P048，而這可能會增加血管硬化和狹窄的風險。

　　肝醣通常會做為預備能量保存在肝臟和肌肉中。當身體感應到需要能量——對低血糖或壓力做出反應，或者是協助我們的消化作用時，肝醣會被重新轉化成葡萄糖、並釋放進入血流中。在患有胰島素阻抗的情況下，胰島素無法再告知肝臟吸收並儲存葡萄糖成為肝醣，這表示，即使血糖和血液胰島素的濃度都很高，肝臟仍會開始分解肝醣，使其成為葡萄糖被釋放進入血液中，進一步增加血糖並推升胰島素的濃度。

　　至於脂肪，則有不一樣的問題。還記得吧？當胰島素進入健康的肝臟時，肝臟會很快地吸收多餘的葡萄糖並將之轉化為脂肪。這些脂肪有一部分會儲存在肝臟內，有一些則會被輸送進入血液中。在伴隨胰島素阻抗發生的高胰島素血症的情況下，這個過程會發生得更頻繁。換句話說，過量

的胰島素傳送訊號給肝臟製造過量的脂肪。這種情境會造成兩個潛在具危險性的問題，高脂血症和脂肪性肝病（註：即脂肪肝）。

高脂血症

我們已討論過胰島素阻抗在血脂異常（胰島素使血液中的膽固醇發生負面變化）中所扮演的角色 P045，而另一方面，高脂血症大體來說的意思是：血液中有太多的脂肪，通常攜帶在脂蛋白上（低密度脂蛋白膽固醇與其前驅物極低密度脂蛋白膽固醇）。

在利用任何來源生成脂肪時，我們的肝臟通常會製造一種叫做棕櫚酸（palmitic acid）的飽和脂肪。這並非無害，血液中飽和脂肪的增加可能是病態的，會使發炎反應和心血管併發症增加，還會加重胰島素阻抗。更重要的是，這甚至在人們完全不食用脂肪的情況下也有可能發生（注意！血液中的飽和脂肪不能與飲食中的飽和脂肪類比）。

非酒精性脂肪肝疾病

肝臟也可以儲存脂肪，而非將其釋放進入血液中。若儲存太多脂肪，肝臟將會開始失去其功能，還有可能會發生更嚴重的併發症。

對肝臟來說，「過多」脂肪的定義是：脂肪在肝臟總重量的占比達到5%～10%。自古以來，脂肪肝的發生幾乎都只和飲酒過量有關。沒有其他組織能夠代謝酒精，同時隨著時間的累積，飲酒過量確實會導致脂肪累積在你的肝臟細胞內，這被稱為酒精性脂肪肝疾病。然而，即使你不喝酒也可能得到脂肪肝疾病：非酒精性脂肪肝病（註：或稱代謝性脂肪肝病）。

近數十年內我們已看見改變：在美國，大約每3人就有1人患有非酒精性脂肪肝疾病。這個數字每年都在增加，而且考慮到這種疾病早期在臨床

上是無症狀的,因此可能比我們想像的更普遍。這實在是非常驚人:一種三十年前幾乎名不見經傳的疾病,現在成為西方國家最常見的肝臟疾病。其實,非酒精性脂肪肝疾病變得如此常見,與胰島素阻抗有很大的關係。

患有胰島素阻抗,是非酒精性脂肪肝疾病最強而有力的已知預測因子。**與胰島素敏感的人相比,胰島素阻抗患者罹患非酒精性脂肪肝疾病的風險增加15倍。**

一個值得注意的關鍵是:儘管幾乎所有肥胖的人都患有非酒精性脂肪肝疾病,但如果一人患有胰島素阻抗,即使他是瘦子,發生非酒精性脂肪肝疾病的可能性也會大大增加。事實上,**如果一個瘦子被診斷出患有非酒精性脂肪肝疾病,這幾乎可視為這名患者有胰島素阻抗的確切訊號,而且很有可能會發展成第二型糖尿病。**

脂肪肝曾被認為不過是其他疾病的無害副作用,但近來的研究駁斥了這個說法。非酒精性脂肪肝疾病是通往更嚴重、有致命可能性肝臟疾病的門戶,那些肝臟疾病都與胰島素阻抗有關。一旦人們罹患非酒精性脂肪肝疾病,隨後肝臟便可能出現發炎狀況。若是慢性發炎,就可能導致肝臟出現疤痕,這種情況被稱為肝纖維化;非酒精性脂肪肝疾病患者中,有半數會發生肝纖維化。發生纖維化之後,有20%的非酒精性脂肪肝疾病患者會發展成肝硬化,接著可能發生肝臟衰竭,需要進行肝臟移植才能存活;當中有某些人可能會躲開肝臟衰竭卻罹患肝癌,但這可不是個好交易!

果糖:對肝臟來說令人作嘔的甜

果糖類似酒精,不過沒有宿醉問題。它和酒精的共通之處,在於它們被「處理」的位置——它們都由肝臟進行代謝。

不幸的是，對於代謝果糖和酒精，肝臟的選擇非常有限，意思是說，大部分未被用於能量生成的果糖和酒精都會被轉化成脂肪。確實，就像酒精會導致酒精性脂肪肝疾病一樣，大量攝取果糖是導致非酒精性脂肪肝疾病一項強而有力的因素。果糖如此擅長製造肝臟脂肪，以至於在僅僅一個星期的時間內食用高果糖食物，就足以讓肝臟脂肪明顯變多。

一項在西元2009年發表的傑出研究，探討了果糖與葡萄糖對內臟脂肪的影響。受試者會收到含有果糖或葡萄糖的飲料，而不出意外的，全數受試者的脂肪都增加了！有趣的細節則在於脂肪累積的位置：**雖然喝下葡萄糖的人產生更多皮下脂肪，但飲用果糖的人——你猜對了——產生更多內臟脂肪**。

又一個不幸是，我們現在攝取的果糖，高出前一個世代的人們數倍。造成這種結果的因素，除了糖之外（其中一半是果糖構成），另一大關鍵因素是我們對果汁的熱愛。

大部分人都認為果汁是一種健康的飲料，但是，所有的果汁都是純果糖的有效來源，而我們誤解果汁很健康，正是為何非酒精性脂肪肝疾病在兒童以及成人間不斷增加的重要原因之一。希望這個事實，能促使你在喝下一杯蘋果汁前三思而行，更不用說要給你的孩子們喝了！

不過，這並不是呼籲你避開水果。完整的水果，由於它的纖維含量和相對低的果糖，讓它與果汁有非常大的區別。事實上，食用完整的水果對改善糖尿病風險來說，比飲用來自相同水果的果汁更有效。所以，吃下你的水果，別用喝的。

肚子裡的小型啤酒廠

想像一下,你不喝酒,但是你確實發生酒精性脂肪肝疾病的情境——這正是一名中國男子所遭遇的情況!科學家偶然發現,他們頭腦清明的受試者並沒有那麼清醒;儘管沒有喝一滴酒,他血液中的酒精含量仍然長期偏高。

值得注意的是,這名男子體內有大量的特定腸道細菌:克雷伯氏肺炎桿菌(Klebsiella pneumoniae),這種細菌會使葡萄糖發酵,製造出高濃度的酒精,這就是他罹患脂肪肝疾病的原因。而且,他並不是唯一一個案例。就這項研究而言,他們發現接受研究的脂肪肝疾病患者當中,有高達60%的人體內都存在同樣的細菌。

膽囊與胰島素

位於肝臟正下方的膽囊,是肝臟的親密助手;它們共同發揮作用,讓我們吃下的脂肪能恰當的被消化。膽囊的主要職責,是儲存由肝臟生成的膽汁。

膽汁主要是水分加上鹽類、膽紅素(一種由老化紅血球構成的物質)和脂肪所構成,這所有的物質共同發揮作用,乳化腸道中的脂肪,好讓這些脂肪能被吸收進入體內。比起假設肝臟每次都必須被迫生成所需要的膽汁量,一般人大多還是認為,膽囊做為膽汁的儲存庫,使身體能更容易地消化脂肪。

C型肝炎和胰島素阻抗

我們已經討論過的肝臟疾病，是胰島素阻抗隨著時間的累積所造成的問題。不過，有數種導致肝臟感染的已知病毒性病因，即肝炎病毒，與胰島素阻抗一點關係也沒有。

儘管罹患病毒性肝炎的人肯定與胰島素阻抗無關，但有一些證據顯示，胰島素阻抗可能會讓感染的情況惡化，例如患有胰島素阻抗的C型肝炎患者會遭受程度最為嚴重的肝纖維化。除此之外，胰島素阻抗可能會使抗病毒藥物的療效降低。

當本應含水分很多的膽汁混合液變得太濃稠、導致結石形成時，就會發生最常見於膽囊的疾病。

膽結石

膽汁容易透過兩種方式形成結石：肝臟可能生成過多的膽固醇，或者膽囊的收縮可能不足以將膽汁推送進入腸道內。而且，這兩種功能都會受到胰島素阻抗的影響。

首先，讓我們看看膽固醇過多的情況。

如果膽汁中含有過多的膽紅素或膽固醇，便有可能形成膽結石。肝臟負責去除體內的老化紅血球細胞，而膽紅素是被降解的紅血球細胞的一部分──胰島素阻抗與此毫無關聯（據我所知）。然而，胰島素阻抗對膽固醇在肝臟內的生成速率有非常大的影響。膽固醇不是進入血液中就是會被送進膽汁裡，儲存在膽囊內，因此，**當身體對胰島素產生抗性而使胰島素**

濃度上升，肝臟會生成比正常更多的膽固醇，膽汁也會因此增加太多的膽固醇。

多項人類研究已發現，胰島素阻抗是發生膽結石最重要的風險因子之一，主要是膽固醇結石，這是全球最常見的膽結石類型。動物研究中甚至有更明確的證據顯示，胰島素和胰島素阻抗會直接導致膽結石的形成。其中一項以倉鼠進行的研究發現，每日為實驗動物注射胰島素，連續一週就足以促進膽固醇膽結石的形成。在第二項研究中，科學家創造出只有肝臟對胰島素有抗性的基因轉殖小鼠，他們用高膽固醇的飲食餵養這些齧齒類受試動物。肝臟發生胰島素阻抗的小鼠產生大量的膽固醇結石，但正常的小鼠沒有。

膽囊通常能藉由收縮將膽汁泵送進腸道內來降低結石發生的機率。這能確保膽汁的成分（例如膽固醇）沒有太多時間能凝聚並形成結石。

膽結石和膳食脂肪

膽結石與膳食脂肪有極大的關係。當結石於膽囊中形成之後，人們會頻繁地感覺到尖銳的疼痛，這是在結石堵塞管道的狀況下，膽囊試圖將膽汁噴射進入腸道時的感受。

不過，膳食脂肪是預防膽結石形成最好的方法之一。當人們吃下脂肪時，膽囊會將自己清空；增多的膳食脂肪會提高膽囊的收縮頻率，這有助於防止結石形成。由此可知，為什麼採行低脂肪、低熱量飲食進行減重的人們，形成膽結石的風險會增高、而且最終可能需要移除膽囊。

> ### 懷孕與膽結石
>
> 懷孕會增加膽結石或被稱為「膽泥」的濃稠膽汁生成的風險，膽泥的生成是形成結石的早期警訊。值得注意的是，一旦孕期結束，膽泥就會自行分解回到正常的黏稠度。請回想一下第四章，以及什麼狀況會在整個懷孕期間惡化，一旦寶寶出生就會好轉？沒錯，就是胰島素阻抗。事實上，胰島素阻抗是形成膽泥最具預言性的因子，而且可能是妊娠相關膽結石形成的主因。

胰島素會減慢膽囊的收縮頻率。事實上，**當一個人對胰島素的抗性愈大（血液中胰島素濃度就愈高），膽囊就愈少收縮**，對那些甚至尚未被診斷出胰島素阻抗的人來說，也是如此。研究已顯示，即使只是注射4小時胰島素所創造出的急性高胰島素血症狀態，都會使膽囊功能降低。

肝臟對於調節許多營養素的處理過程（例如血糖的控制）和從血液中排除某些毒素都必不可少。然而在講到清潔血液這方面，肝臟並非獨立作業的，腎臟承擔了大部分的「過濾」工作，而當然，它們需要正常的胰島素功能才能夠正常運作。

腎臟健康與胰島素

儘管腎臟不屬於消化道的一部分，但它們在體內占據的空間和肝臟差不多，作用也和肝臟的類似，能清除血液中的毒素和代謝物，並透過尿液

將它們排出體外。除了做為過濾器之外，腎臟也參與大量身體運作過程，它們會協助調控我們的血液體積、骨骼健康、酸鹼值平衡等等。簡而言之，當腎臟沒有好好運作時，身體也無法好好運行。

腎結石

腎臟令人尷尬地有幸參與在許多人看來最為疼痛的問題中，那就是腎結石的排出（事實上，如果你問一名經歷過生產和排出結石的女性——我打賭她會告訴你排出結石更可怕）。

從腎臟到廁所，在結石展開這個令人極度痛苦的旅程前，它必須先在腎臟內形成，這個過程就是「尿路結石」。胰島素阻抗就是在這時成為影響因素，因為胰島素阻抗會導致兩種細微的生理變化，從而創造出形成腎結石的理想環境。

第一種變化，高血液胰島素濃度會使血液中鈣的量增加，過量的鈣可能會引起包括影響心臟在內的各種問題，而且，鈣也形成最常見的腎結石類型。高血鈣有致病性，因此腎臟會持續不斷地過濾出一部分鈣，而這些多餘的鈣透過尿液少量地被排出。而隨著血液中鈣濃度的攀升，腎臟過濾出的鈣就會高過正常量，當最終新生成尿液中鈣的濃度過飽和，鈣就開始在腎臟內形成會變成結石的結晶。

胰島素過多的結果會導致鈣過多，這中間的途徑十分有趣。胰島素會使我們的副甲狀腺素增加（而副甲狀腺素又會導致胰島素阻抗）。副甲狀腺素這種荷爾蒙的主要功能之一，就是藉由增加我們小腸內食物中所吸收鈣的量，還有增加骨骼內的再吸收作用（會釋出鈣），來增加血鈣。

胰島素阻抗和腎結石之間的第二個關聯，是胰島素阻抗如何影響尿液的酸性或鹼性（即酸鹼度）。比起身體其他部位，腎臟參與調節身體酸鹼

值的過程,會使得尿液更偏酸性。我們對於胰島素阻抗如何與尿液酸鹼值的改變產生關聯只有模糊的概念;這可能是因為處於胰島素阻抗狀態下,腎臟生成能抵消尿液內酸性物質分子的能力較差,而隨著尿液的酸鹼值變得愈發偏鹼性,尿液中能夠溶解的各種分子(鈣、尿酸鹽等等)也愈來愈少,結果便導致結石開始形成。

腎衰竭

腎衰竭是指腎臟失去大多數功能,包括過濾能力在內,這種情況是致命的。

第二型糖尿病是腎衰竭最常見的原因——因此,當我們記起第二型糖尿病就是胰島素阻抗時,「**胰島素阻抗會使腎衰竭的風險增加50%**」這樣的事實,就只會讓人略感驚訝。胰島素阻抗愈嚴重,腎衰竭風險就愈高;最嚴重的胰島素阻抗患者發生腎衰竭的機率,比那些對胰島素僅略有抗性的人高出4倍——更重要的是,這甚至在葡萄糖濃度仍然正常的情況下就會發生!

目前尚未釐清胰島素阻抗究竟如何引起腎衰竭,但有些證據跡象指向某些胰島素阻抗誘發的併發症(例如高血壓和高血脂症)會導致腎衰竭,但也可能單純是胰島素過量的結果。胰島素會讓我們的腎臟過濾裝置的尺寸和厚度增加,這使得分子愈來愈難從血液傳送到尿液內。

這種關聯的重要性不可忽視!相較於那些擁有健康腎臟的人,腎衰竭患者可能死亡的機率高達3倍之多,因此,我們會希望像是胰島素阻抗這樣的風險因子愈早被診斷出來愈好。

如果我們只靠著意料中的嫌疑犯(也就是高到足夠正式做出第二型糖尿病診斷的葡萄糖濃度)決定風險程度,便很可能喪失治療時機。胰島素

濃度在葡萄糖濃度所攀升的好幾年之前，就可能已預示胰島素阻抗的發生，因此，一定要進行測量。

/////////////

　　我們的消化道和泌尿道都參與了生存必須的基礎過程：將營養素移至體內、並輸送至全身，還有排除因消化與代謝這些營養素所產生的廢棄物。然而，當胰島素阻抗開始改變它們的功能，消化和泌尿的過程會受到損害，使我們消化和吸收食物的方式發生變化，甚至會改變腎臟過濾廢棄物和調節身體酸鹼值的方式。當然，只要食物被消化並進入血液，它就成為身體可茲利用或儲存的物質。而根據我們所吃下的食物，這可能會帶來意義重大的代謝後果。

08 造成代謝症候群與肥胖症

　　對於一種曾經默默無聞的疾病來說，代謝症候群正受到愈來愈多的關注。醫學文獻對代謝症候群的討論日益頻繁，甚至連非專業媒體都對它有所認識；每3名美國成人就有1名罹患代謝症候群（註：臺灣是每4個成年人中有1個），而且近90%的成年人都有至少一項代謝症候群特徵。代謝症候群其實是一系列的疾病，世界衛生組織以兩個主要標準為其定義：

①患者必須同時有高血壓、血脂異常症、中心肥胖（註：腹部肥胖，主要是過多的內臟脂肪堆積）或尿液中含低濃度蛋白質這些症狀中的兩項。
②患者必須患有胰島素阻抗。

　　沒錯，胰島素阻抗＋任兩種上述其他問題＝代謝症候群。事實上，**胰島素阻抗是代謝症候群如此關鍵的組成要素，以至於代謝症候群過去曾被稱為胰島素阻抗症候群**。

　　就肥胖症而言，其實不需要任何介紹——它是所有人都痛恨的反派角色（即使有時候並不是那麼公平）。肥胖症變得如此流行，以至於現在人們更有可能出現肥胖的問題，而不是飢餓。在某種程度上，肥胖症（即身體脂肪過多）完美展現胰島素阻抗和高胰島素血症所造成的代謝後果：強

烈促進脂肪細胞的生長，是胰島素眾多影響中的一種，胰島素會阻止這些細胞將脂肪分享出去供身體使用，反而指示它們持續生長。但是，就如我們即將看到的，儘管肥胖症和胰島素阻抗經常齊頭並進，它們之間的關係卻驚人地錯綜複雜。

胰島素真的不足嗎？

關於第二型糖尿病，有一種常見的說法是「患者的胰島素不足」，這種不恰當的說法離譜到讓人誤解。的確有部分第二型糖尿病的患者，可能因為胰臟內功能異常的 β 細胞而使胰島素濃度低到危險的程度，但顯然大多數人擁有的 β 細胞，其功能都是完全正常的，它們只是無法製造出足夠的胰島素來壓制嚴重的全系統胰島素阻抗。

這種「不足」，就是驅使以胰島素來治療第二型糖尿病的動力，而如同你即將瞭解到的，這樣做是使患者變得更肥胖、病得更重，並且前所未有地對胰島素產生抗性的關鍵原因。

對患有糖尿病前期、高胰島素血症的人或第二型糖尿病患者來說，更多的胰島素就像是給予患有甲狀腺機能亢進症（甲狀腺素過多的一種疾病）的患者更多甲狀腺素一樣——換句話說，這是毫無意義的！

與其宣稱是「胰島素不足」的問題，更正確、比胰島素療法更好、且更容易推動的治療方法，其說法會是，「胰島素的效果不太好，讓我們考慮其他治療方法。」

肥胖症與胰島素阻抗錯綜複雜的關係

胰島素阻抗和肥胖症之間的關聯性很複雜——這是「先有雞還是先有蛋」的問題。

保守來說，大約在一世紀前，我們就觀察到肥胖症和胰島素阻抗或許應該是同步發生。過多的體脂肪無疑地與胰島素阻抗有關，大部分體重過重／肥胖的人（約70％）都有胰島素阻抗的問題，而因為胰島素阻抗如此經常地與過量的體脂肪連結在一起，所以很多科學家都試圖想找出原因，但我們一直要到過去大約三十年間，才開始研究肥胖症和胰島素阻抗之間的因果關係。

在這些研究人員當中，有許多人做出了「肥胖症會驅使胰島素阻抗發生」的結論。這確實是占據主導地位的看法；在這個研究領域，經常能聽到「肥胖症誘發之胰島素阻抗」這個說法。在網路上搜尋這個詞，你會從生醫研究的搜尋引擎得到上千條搜尋結果，其中許多研究記述胰島素阻抗會因為體重減輕而有所改善。

不過，事情並沒有那麼簡單。在探討同樣記錄於這些研究中的資料時，得出因胰島素敏感性獲得改善而使體重減輕的結論，也是說得通的。確實，部分研究承認胰島素阻抗發生在受試者體重增加之前的可能性（或者說，胰島素敏感性在體重減輕之前出現）。在一個案例中，科學家們測量一群兒童的幾項變因，然後在近十年後進行追蹤調查。即使孩童的體重相同或發育程度相似，那些體內胰島素濃度最高的孩童，其體重最有可能增加得最多。事實上，在一項類似的研究中，<u>即使一開始孩子們的體重相近，胰島素濃度最高的孩童，成年後變得肥胖的可能性高了36倍</u>。

然而，當我們研究成年人時，所得到的資料就顯得含混不清，但一項

有趣的研究帶來一些啟發。透過在數年間追蹤成年人所得到的數據，波士頓的科學家們發現，當胰島素濃度較低時，體重增加較慢；當胰島素濃度較高時，體重便會增加較多。然而，隨著成人體重增加得愈來愈多，並達到某種極限時，胰島素就失去它的預測能力（註：指胰島素的水準和體重高低不再呈現正相關）；這個體重增加的極限被稱為「個人脂肪閾值」，它代表我們的脂肪組織和胰島素阻抗間發生的某種冷戰（第十一章會仔細探討這一點）。

儘管由於高血液胰島素濃度在肥胖症之前發生，因此可能存在因果關係的證據強而有力，但這個觀點並非沒有爭議（關於這個論點的更多資訊，我建議參閱蓋瑞・陶布斯〔Gary Taubes〕的《好卡路里，壞卡路里》、大衛・路德維希〔David Ludwig〕博士的《脂肪炸彈減肥法》、傑森・方醫師的《肥胖大解密》，或者是史蒂芬・基文納特〔Stephan J. Guyenet〕博士的《住在大腦的肥胖駭客》），除此之外，其實還有另一理論在醫事專業人員以及一般大眾間更廣為流傳並普遍被接受，甚至已經被我們堅持數十年之久⋯⋯

我們為什麼會變胖？

肥胖症研究和治療的歷史既引人入勝又令人遺憾。肥胖症至少有一部分是荷爾蒙問題的說法曾被廣泛接受；西元1923年，維也納的著名內科醫師威廉・法塔提到：「至於發胖⋯⋯需要〔擁有〕完好無損的胰臟。」（我要加上一句，他指的是「來自胰臟的荷爾蒙」）。然而，在1990年代中期，關於肥胖的觀點發生巨大變化，並最終形成「熱量攝入、熱量消耗」的主流觀點，將肥胖症視為單純是攝入的熱量大於所消耗熱量的結

果。也就是說，該理論認為，若吃的比消耗的多，我們就會變胖；只有在吃的比消耗的少的情況下，我們才能減重。

若我們將體脂肪定義成熱量儲存庫，也就是儲存熱量供日後使用的場所時，上述理論有一定的道理，此外，該項理論符合我們對能量使用及儲存的理解。如果你放上火堆的木柴（燃料）較少，能燃燒的東西就比較少。不幸的是，這個理論忽視體內調節時，身體如何使用燃料的複雜過程，而比起篝火來說，身體真的要更複雜一點。

說到底，荷爾蒙決定身體如何處理我們吃下並儲存的燃料──不管是製造更多肌肉、製造更大型的骨骼、製造更多脂肪、以熱能的方式發散等等。已知的荷爾蒙有上千種，而且科學家持續有新發現，雖然大多數都和我們如何利用熱量一點關係也沒有，但仍有不少荷爾蒙與此有關，而且沒有任何一種訊號像胰島素那樣能大幅促進脂肪細胞生長。

關於胰島素如何驅動體脂肪的最明顯例子，就是兩種類型的糖尿病（第一型糖尿病是胰島素過少的疾病，第二型則是胰島素過多的疾病）。

在第一型糖尿病患者的案例中，注射胰島素會讓他們變胖！事實上，某些第一型糖尿病患者十分清楚這個事實，但他們一心一意想要維持纖瘦的身材，因此刻意減少胰島素劑量，以避免無論吃多少食物或攝取什麼樣的食物都會增加脂肪的狀況，這是一種飲食失調問題，稱為「糖尿病暴食症（diabulimia）」（註：暴食型厭食症患者可能會在暴吃之後利用催吐來維持體重，而糖尿病暴食症患者則是因為怕怎麼吃都胖而冒著極大風險故意少打胰島素）。第一型糖尿病通常會在20歲左右顯現出來，這個年紀正好是人們最在意身體形象的青少年時期。不幸的是，儘管這些青少年病患的身材都能維持在他們所期望的纖瘦狀態，但卻有可能出現嚴重的高血糖症，血糖濃度可能會比正常高出10倍。

瘦體素阻抗

瘦體素的英文Leptin源自於希臘語的「leptos（瘦）」，一度被認為是解決肥胖症流行病的良方。對極少數無法製造瘦體素的人來說，它確實是，但對絕大多數正在和自己的體重爭鬥的人來說，瘦體素並不是解決辦法。事實上，大多數肥胖的人瘦體素濃度是增高、而非減少的。

在調控食慾和代謝過程方面，瘦體素對肥胖者來說，已不如過去那樣有效。一項關鍵因素是瘦體素對胰島素的抑制：瘦體素應該要阻止胰島素的分泌，這有助於人們保持纖瘦，但在長期瘦體素過多的情況下，身體會變得對瘦體素產生抗性，瘦體素漸漸無法抑制胰島素分泌，這一切便會導致脂肪增加。

不幸的是，這是個惡性循環。如果瘦體素阻抗是源自於長期瘦體素濃度的升高，那麼一開始是什麼讓瘦體素增加？想當然耳，就是胰島素。胰島素會自然刺激脂肪組織製造瘦體素，因此，過多的胰島素會導致瘦體素過多。

雖然本書的重點是過量胰島素的負面影響，但過量的葡萄糖絕對也會造成問題，許多慢性糖尿病暴食症患者最終可能走向腎衰竭、失明，甚至截肢，而且，在與葡萄糖無關的情況下，過少或過多的胰島素都會引起危險的血液酸鹼值變化，導致潛在有致命性的「酸中毒（acidosis）」。

至於因為服用胰島素控制血糖而使體重增加的第二型糖尿病患者，他們的的目標是找出能使脂肪增長最少的胰島素治療方案。和第一型糖尿病

患者刻意減少胰島素劑量的作法相反，第二型糖尿病患者只要注意到體重增加，有些人可能會試圖減少食量，以期修正這個問題。然而，隨著注射胰島素讓患者身體的胰島素阻抗變得愈來愈嚴重，他們會需要比之前更多的胰島素控制血糖，甚至少吃都不足以阻止胰島素所誘發的體重增加。

談到肥胖症，根本的問題是：在講到體脂肪時，胰島素這種荷爾蒙就是關鍵因子。若胰島素升高，體脂肪會增加；若胰島素下降，體脂肪也會下降。確實，胰島素如此擅長讓體脂肪增加，以至於**即使在攝取的總熱量維持不變的情況下，升高的胰島素量還是會讓體脂肪增加**。說得更清楚一點，假設A攝取的2500卡飲食能讓胰島素維持在低濃度，而B攝取2500卡飲食會讓胰島素保持在高濃度，那麼A會比B瘦（我們將會在第三部更詳細地介紹這種飲食）——簡單來說，**胰島素會引導營養素以脂肪的形式儲存起來**。

當然，就像我們稍後即將看到的，肥胖症會導致胰島素阻抗也是事實。重要的是，我們要瞭解這是一種**雙向作用**，而這代表我們看待肥胖症與胰島素阻抗兩者間關係的觀點，從根本上發生了變化，並將進一步改變我們如何看待胰島素阻抗的源頭，讓我們更瞭解應該如何對抗它。

////////////

在走到這一步——將胰島素阻抗劃入惡人範疇——之後，接下來，該是瞭解故事起源的時候了。像胰島素訊號傳遞這樣美好、正常的過程，究竟是怎麼脫軌出了這麼大的錯？

Part 2

是什麼引起
胰島素阻抗？

09 老化和遺傳的影響有多大？

到目前為止，我們已經看到許多不幸地變得司空見慣的慢性疾病，其實都起源自胰島素阻抗。如此一來，問題就變成：

- 我們如何落到現在這個困境？
- 究竟是什麼讓身體變得對胰島素產生抗性？
- 還有更重要的：胰島素阻抗能被阻止嗎？

考慮到胰島素阻抗變得有多普遍，研究人員便轉而開始關注胰島素阻抗如何發生。在研究人員的這些發現當中，有一部分可說超出大多數人原先的預想，譬如：遺傳的真正作用（劇透：基因並沒有你想的那麼重要），而另一些發現則更像是前車之鑑的重新發現（例如健康生活方式的重要性）。除此之外，雖然某些病因無可避免，但好在其他病因大致都還在我們可以控制的範圍內。所有這些，都值得我們進一步探討。

首先，讓我們從較令人沮喪的話題（也就是讓我們一籌莫展的事）開始討論起吧！

我們都會變老，而且無論如何，我們都繼承來自父母的基因。不過，我寫這一章的目的，並不是為了讓你感到沮喪，正好相反，我想要讓你知

道哪些因素超出能控制的範圍，好讓你更能下定決心，做出你可以控制、真正重要的改變。我希望啦！

遺傳

啊，遺傳——另一個我們對雙親失望的理由。毫無疑問，若你的母親和父親患有胰島素阻抗，很可能你也會在生命中為胰島素阻抗而苦惱。

在一項針對青春期初期兒童的胰島素阻抗研究中，父母親至少有一人患有胰島素阻抗的兒童，本身對胰島素的抗性會更高，他們的空腹胰島素濃度會比父母親都沒有胰島素阻抗的兒童高約20％。另外還有研究以相當有說服力的方法——研究同卵雙胞胎——來探討家族遺傳，當然，就如你所預期，遺傳上完全相同、但在不同家庭中養育的個體，有非常高的可能性會出現包括胰島素阻抗在內的類似健康問題。

然而重要的是，<u>造成胰島素阻抗的基因突變非常罕見，這些突變案例約占所有第二型糖尿病案例的5％（在糖尿病前期／胰島素阻抗的病例中更少）</u>。對其他患有一般類型胰島素阻抗的絕大多數案例來說，基因本身的重要性並沒有我們如何對待基因來得重要。這是遺傳和環境之間、先天和後天之間的老問題。換句話說，<u>擁有或許會使我們發生胰島素阻抗可能性增加的基因</u>，是一回事，把那些基因置於錯誤的生活方式之下，就又是另一回事了。我們日常所做出的選擇，至少和我們的遺傳一樣重要！

種族背景

然而，值得玩味的是，某些可能帶有多種特定基因特徵的種族，確實可能更容易發生胰島素阻抗。

一項值得注意的研究比較美國的四個主要種族——西班牙裔、亞裔、非裔和「高加索人」（可以更精確定義為「北歐人」）的胰島素敏感性（以及其他項目）。儘管所有族群有大略近似的體重和腰臀比 P142，但胰島素阻抗最嚴重的族群是西班牙裔美國人；胰島素阻抗第二嚴重的族群是亞裔美國人，這一點很有意思，因為他們同時也是體重和腰臀比最低的族群（雖然在統計上並不明顯）；非裔美國人是胰島素阻抗第三嚴重的族群，而高加索人則是胰島素阻抗最不嚴重的族群。

在大多數族群中，肥胖症和腰臀比都與胰島素阻抗有非常高的關聯性，這是我們本來預期會看到的，但亞裔族群似乎並未遵循同樣的規則。這個族群的腰臀比和身體質量指數（BMI）最低，然而卻意外地更有可能罹患胰島素阻抗。

然而，這項研究並未包括其他值得提起的種族，也就是皮馬印第安人，這是通常居住在亞利桑那州南部的美國原住民族群。這個族群的胰島素阻抗盛行率是美國所有種族中最高的，甚至連年幼如4歲的兒童都被診斷出罹患第二型糖尿病。

西元1980年代時，由於人們觀察到，胰島素阻抗的現象在皮馬印第安人和其他美國原住民族群間非常普遍，因此得出如今聞名遐邇的理論——「節儉基因型」；「基因型」是一種科學術語，代表「我們所擁有的基因組合」。

這個理論的提出，是為了嘗試去瞭解為何有些人（例如美國原住民）有如此明顯的群體胰島素阻抗和第二型糖尿病風險。這個理論的基礎建立在以下觀點上：由於「盛宴或饑荒」時期的反覆循環（亦即食物匱乏期和短暫的食物充足期交替出現），人們發展出高效地將食物中的能量儲存為脂肪的能力，如此一來，人們在食物匱乏時期就有能量可以使用。而伴隨

著胰島素阻抗發生的高胰島素濃度,則同時扮演傳遞儲存能量訊號給身體的重要角色。

不過,這個理論並沒有獲得證實,還一再受到挑戰。做為反例,請想想那些高比例患有胰島素阻抗、卻因為所處地理位置而可能從來沒有經歷過「盛宴－饑荒循環」的人們。太平洋島原住民就是個絕佳的例子,這裡的人們儘管生活在氣候和地理位置全年都能提供充足可食用植物和魚類的地區,但部分太平洋島原住民發生胰島素阻抗的機率,毋庸置疑是全世界最高的。這種在太平洋島原住民間發生的現象,讓研究人員開始做出另一種假設:與其說特定族群間的胰島素阻抗與「他們的基因傾向於儲存脂肪」有關,倒不如說和其**基因適應特定的食物**有關。

這個替代理論建立在一項真確的事實上,亦即最近才開始接觸西式飲食的族群中,胰島素阻抗正變得日益普遍。胰島素阻抗在歐洲人後裔中相對較少,不過毫無疑問地,隨著時間的推移,胰島素阻抗的情形已在增加當中。也就是說,在歐洲人後裔已有更多時間適應(註:因為更早接觸到西式飲食)可能使胰島素升高並導致糖尿病的食物同時,更近期(在近100年內)才接觸這些食物的其他族群所承受的後果卻更為嚴重(註:接觸時間短,所以適應得較差)。一項針對各族群間的比較顯示,移民並採行西式飲食的人出現胰島素阻抗的機率,無一例外比留在故鄉、遵循更傳統生活方式與飲食的對照族群高。

慶幸的是,儘管「遺傳－胰島素阻抗」這個網絡可能相當錯綜複雜,不過,至少關於年齡如何影響胰島素阻抗,我們確實具有多一點瞭解——儘管這些瞭解確實持續令人感到挫敗。試圖永保青春是徒勞無功的,因此,瞭解老化與胰島素阻抗間的關係,多少讓我們能在年齡增長時擁有對抗胰島素阻抗的一些優勢。

老化

變老令人生懼。老化是非常複雜的過程，包含無數微妙和沒有那麼微妙的生理與精神心理變化，包括脫髮或頭髮變白、脆弱起皺的皮膚，還有某些會把鑰匙隨手亂扔的傾向⋯⋯

在這幾種令人不快的變化之中，有一些是新陳代謝的改變，包括胰島素敏感性的變化，而且就如同我們已經看到的，那甚至會引起某些老化的症狀。

就和體重增加的情況一樣，這個作用是雙向的；年紀愈大，我們的胰島素阻抗通常會變得更嚴重。而一些老化的過程和常見疾病，包括老化相關的肌肉流失（肌少症）和隨著老化一同產生的荷爾蒙變化，或許可以歸因於胰島素阻抗的發生。

不過，與大多數的變化不同，<u>胰島素阻抗並不是老化必經的部分——那是我們可以對抗的過程</u>。

女性老化的荷爾蒙變化：更年期使胰島素阻抗增加

更年期是標示女性生殖歲月走到盡頭的一系列無可避免的變化。更年期也能做為一個相當吸引人的範例，顯示我們的新陳代謝與生殖過程是多麼密切地聯繫在一起——當其中之一發生變化時，另一個過程通常會隨之改變。

數種生理變化會伴隨卵巢內荷爾蒙生成的變化而發生，至於女性更年期荷爾蒙變化的主要表現，就是雌激素的減少。雌激素是一個小型的荷爾蒙家族，不僅能協助女性的身體在像是生殖等等許多方面維持正常功能，還能有效地影響代謝功能。

> ## 熱潮紅和胰島素阻抗
>
> 在一項針對超過3000名中年女性的研究中,經歷熱潮紅的受試者明顯更容易出現胰島素阻抗。更重要的是,「熱潮紅－胰島素阻抗」的關聯性在無關雌激素濃度和體況的情況下,仍然持續存在。

雌激素有助於維持男性和女性兩者體內的胰島素敏感性,這在那些因缺乏將雄激素轉化為雌激素的芳香酶而使身體無法製造雌激素的人身上,就可以看到強而有力的證據——缺乏製造雌激素的能力會造成許多影響,其中一個就是**導致胰島素阻抗** P072。

當然,更年期的雌激素變化並沒有這麼戲劇化(註:若是與缺乏芳香酶相比)。儘管如此,雌激素的減少已經足以讓一名女性的胰島素阻抗比原來的情況更嚴重,而人為地以荷爾蒙療法維持高濃度的雌激素,有助於在整個更年期中部分維持胰島素的敏感性(不過,這並非是唯一改善胰島素敏感性的辦法,詳見第三部〈如何對抗胰島素阻抗?〉)

男性老化的荷爾蒙變化:睪固酮的問題

有些人認為,男性的睪固酮在老化過程中減少是一種男性更年期的形式。與女性身體會因雌激素減少而發生變化類似,**男性的身體也會因睪固酮的流失而發生變化,而這些變化當中就有胰島素阻抗。**透過以睪固酮為男性進行治療,這些負面影響會被緩解,同時能改善胰島素敏感性。

然而,最近有愈來愈多男性被診斷出「低睪固酮」,也就是說,原本

在男性更年期才會面臨的問題,除了變得極為常見,還出現在更年輕的男性身上——根據男性年齡標準定義來說並不「老」的人(我得相信,40多歲還不算老……);更重要的是,這是近期才出現的現象,主要是我們飲食和生活方式改變的結果(之後我們會探討生活方式在造成「低睪固酮」狀態中所扮演的角色 P215,這跟老化本身沒有什麼關係,而是與「男性如何老化」更有關係)。

/ / / / / / / / / / /

就和天氣一樣,對抗遺傳或老去是毫無意義的,不過那並不代表我們不能為即將到來的事做好準備計畫。就像你已經知道,老化對胰島素阻抗的影響至少有一部分是透過性荷爾蒙的變化造成。這些與老化相關的性荷爾蒙變化效果相當強大,本身就是一種荷爾蒙的胰島素和其他數種荷爾蒙之間也存在錯綜複雜的關係。準備好一睹這些令人熱血沸騰的事件吧!

10 荷爾蒙如何導致胰島素阻抗？

這是一堂基礎生理學課程：荷爾蒙會影響荷爾蒙。當然，像是壓力或睡眠剝奪這種非荷爾蒙也有影響，但只要體內有一種荷爾蒙的濃度開始改變，它就會把其他荷爾蒙牽到舞池裡。因為胰島素在控制體內代謝功能方面處於核心地位，我們不難理解胰島素會成為一個受歡迎的舞伴——大家似乎都想要胰島素的注意，甚至胰島素自己也是！

過多胰島素導致胰島素阻抗

在導致胰島素阻抗的眾多因素中，胰島素本身是最為相關的（現在你可能不會對此感到意外），說白了就是：過多的胰島素導致胰島素阻抗。準確地說，<u>空腹胰島素每增加1微單位（μU），這是相當少量的變化，人們就會感受到胰島素阻抗增加大約20%</u>。

或許這看起來是種奇怪的因果關係，但這代表著身體如何運作的基本特徵：當某個過程被過度活化，身體為了降低活化程度，通常會抑制自己對過多刺激的反應（類似細菌如何對抗生素產生抗藥性，或者隨著時間過去，咖啡因成癮者會需要比過去更多咖啡因的情況）。舉例來說，如果一個肌肉細胞或肝細胞被胰島素淹沒，這個細胞無法做任何事來直接使胰臟

正在生成的胰島素減少,但它可以透過改變自己以降低胰島素所帶來的影響;因此,這個細胞變得對胰島素產生抗性。隨著全身組織的無數細胞對胰島素產生抗性,做為一個整體,身體便出現胰島素阻抗。

這個情況最令人信服的例子之一,是有人罹患會過度產生胰島素的胰臟腫瘤類型時。在胰島素瘤的案例當中,β細胞會持續不斷地將胰島素送入血液,而且忽視通常能讓胰島素濃度下降的訊號(比如說血糖濃度的降低)。胰島素生成濃度最高的胰臟腫瘤患者,胰島素阻抗的程度會變得非常高,而胰島素濃度較低的患者對胰島素只會產生輕微的抗性──但無論如何,最終他們都會發生胰島素阻抗。

最罕見的「胰島素導致胰島素阻抗」案例,可能是下視丘性肥胖症,這是一種可怕的病症,患者「下視丘腹內側區」這個大腦特定區域意外受到損傷(這個腦部區域能透過迷走神經直接控制胰臟)──尤其是在下視丘腹內側區因腫瘤、腦部手術或創傷而受到損傷時,下視丘腹內側區會喪失對迷走神經的控制,而刺激胰臟持續不斷地分泌胰島素。這種胰島素的不自然增加,除了會使體重大幅增加,還會導致嚴重的胰島素阻抗。

科學家們在一個更學術性的環境中,透過為健康的胰島素敏感男性長期注射胰島素來誘發高胰島素血症。即使胰島素劑量是我們一天當中會達到的正常濃度,但透過維持不斷的注射,受試者在僅僅數小時後就發生胰島素阻抗。表面上看來,這個情境看起來可能有些不現實──畢竟正常來說,沒有人會坐在椅子接受胰島素注射。不過,這是實驗室創造出來的一種情境,這種情境在其他背景下看起來可能有些熟悉,譬如說,有人坐在椅子上吃著通常會讓胰島素飆升的零食。

而且,如同我們已經看到的,治療第二型糖尿病常用(但錯誤)的方法,是為患者注射更多胰島素。讓第二型糖尿病患者使用胰島素,會人為

地製造出高胰島素的狀態（比單純只有胰臟所能生成的更高），這足以讓血糖暫時重新獲得控制，但因為胰島素會導致胰島素阻抗，所以注射胰島素會使人們對胰島素的抗性增加，隨著時間的推移，患者需要的胰島素劑量會愈來愈高，形成一種惡性循環。值得注意的是，這種情況甚至可能發生在第一型糖尿病患者身上。第一型糖尿病患者必須使用胰島素治療，但如果這些患者的飲食迫使他們必須注射高量胰島素控制血糖濃度的話，他們會對胰島素產生抗性，這種情況有時候會被稱為「雙重糖尿病」。

說到底，無論胰島素從哪裡開始增加，結局都是胰島素阻抗。已有明確的證據可證明，過多胰島素會驅使胰島素阻抗在身體數個部位（包括肌肉和脂肪組織）發生，第十一章更深入探討這一點。

嚴格說來，**高胰島素不只是由明顯的醫療問題所引起，生活方式才是最單純且常見的起源。**不幸的是，我們目前的生活方式會讓高胰島素血症雪上加霜。

不過，我們有點急於下定論了，其他荷爾蒙也可能導致胰島素阻抗。別忘了，胰島素並不是獨自起舞；其他荷爾蒙全都在排隊等候荷爾蒙舞會中這位最美的美女。讓我們來看看它們是跟著什麼樣的曲調起舞！

你的 β 細胞真的沒救了？

許多第二型糖尿病患者被告知，他們的血糖濃度之所以攀升到危險的程度，是因為他們的胰臟沒有製造出足夠的胰島素。這有一部分是事實，但也有誤導的部分——真相其實是，大多數的第二型糖尿病患者，當然還有那些糖尿病前期的患者（患有胰島素阻抗的人），都會出現高濃度的胰島素。因此，

問題不是β細胞正在死亡，而是它們怎麼樣都無法製造出足夠的胰島素讓血糖濃度維持在能受到控制的情況下。

在隔離的實驗室環境中培養分離出的β細胞提供一個有趣的模型，有助於瞭解出現胰島素阻抗的β細胞發生什麼事。當你讓β細胞長期暴露在高濃度的葡萄糖之下，它們便會開始停止運作。那麼，你要怎麼讓它們恢復？沒錯，就只要降低葡萄糖就好。

當然，做為生物體，我們比單純的β細胞來得複雜許多，但當我們觀察人們時，同樣的事似乎也會發生。一項英國研究發現，β細胞功能降低的第二型糖尿病患者，只要限制碳水化合物8週，就能達到「讓β細胞的功能常態化」的效果。另一項研究甚至辨識出讓胰島素阻抗患者（患有第二型糖尿病）β細胞恢復的特定蛋白質。

不過，β細胞「反彈」的能力可能並不普遍。在另一項針對採行限制碳水化合物飲食的第二型糖尿病患者進行的研究當中，約有半數的人感受到預期中的復原，但另一半人仍然需要藥物治療——雖然已經比之前減輕了。所有這些改善的共同之處，就是胰臟的β細胞得以休息，也就是藉由控制碳水化合物的攝取量，β細胞得以享有不會逼迫它們持續辛勤工作的低葡萄糖環境。

如果你患有第二型糖尿病並且使用胰島素，你的β細胞有可能（雖然未必）會永遠消失，或者它們可能在等待恢復工作前應得的休息——你不試試，永遠都不會知道。

腎上腺素、皮質醇與胰島素

壓力反應涉及神經和內分泌（荷爾蒙）事件的有趣組合，我們將特別探討其中兩種：腎上腺素和皮質醇，兩者都來自腎上腺。

在壓力最初的階段，腎上腺素會使心率和血壓上升，不過，時間持續過長的過量腎上腺素則會導致胰島素阻抗。在一項耶魯大學所進行的研究中，健康男性接受數項評估，來測量注射或未注射腎上腺素時的胰島素敏感性，結果發現，在注射腎上腺素僅僅2小時後，胰島素敏感性便下降超過40％。

壓力會導致多種荷爾蒙被釋放進入血液中，而皮質醇被認為是典型的壓力荷爾蒙——長期壓力造成的許多不良後果，都是皮質醇對身體作用的結果。皮質醇希望我們有足夠的能量來度過我們認為充滿壓力的情境，為了獲得那些能量，皮質醇的決定是讓血糖升高；它會指示肝臟用任何能夠取得的材料製造葡萄糖——包括胺基酸（來自於肌蛋白）和肝醣（來自於脂肪）在內。

在皮質醇試圖讓血糖增加的同時，胰島素則試圖把血糖降低。這兩種荷爾蒙是反調節荷爾蒙（它們的作用互相拮抗），而在這場對抗中，皮質醇是獲勝方：皮質醇會使得身體對胰島素的抗性變得非常明顯，這與血液胰島素濃度隨著時間穩定增加有關。

關於這種情況，有一個更戲劇化的例子，即庫欣氏症候群（Cushing's syndrome），這是一系列因為腎上腺生成過多皮質醇而導致的疾病——是的，無論是荷爾蒙問題還是其他問題導致庫欣氏症候群，當患者體內的皮質醇濃度開始攀升之後，會從完全對胰島素敏感轉變成對胰島素有非常大的抗性。

皮質醇與壞脂肪

我們通常會將脂肪儲存在身體的兩個區域：儲存在皮膚下方的稱為皮下脂肪，儲存在我們的內臟周圍的稱為內臟脂肪。我們已經知道皮質醇會直接導致胰島素阻抗，此外，它也會選擇性地讓內臟脂肪比皮下脂肪增長得更多，造成不健康的代謝狀態。

這兩種主要的壓力荷爾蒙會導致胰島素阻抗，是有一定道理的。想像一下，如果你被迫要逃離危險的情境，你會由皮質醇和腎上腺素的影響中獲益：它們會立即合作，促使血液中的葡萄糖和脂肪酸增加，為你的肌肉提供隨時可用的燃料，好讓你能夠脫離危險。如果上述情況發生時，體內的胰島素濃度偏高，葡萄糖就會被推進不需要它們的組織內，尤其是脂肪組織，因此，藉由讓身體產生胰島素阻抗（註：藉此讓血糖維持偏高的濃度，這樣肌肉就能隨時獲得燃料），這些壓力荷爾蒙能確保像是肌肉等需要能量的組織可以獲得燃料（肌肉在收縮時，可以透過與胰島素無關的機制獲得這些燃料）。

不幸的是，無論我們認為充滿壓力的情況為何——不管是緊急如逃離掠食者，還是與親人爭執、熬夜讀書這類沒那麼急迫、有害的情況，皮質醇都會產生相同的影響。儘管在真正危急的情況下，壓力反應能達到為身體的行動提供燃料的目的，但在某些現代壓力的案例中，壓力反應所帶來的後果只會讓情況更糟——無處可去的可用脂肪酸和葡萄糖。

不過，不見得需要與壓力有關的荷爾蒙才能對抗胰島素的作用。事實

上,有時候某種荷爾蒙能協助胰島素更好地發揮功能——胰島素真正希望與之起舞的某些荷爾蒙。

甲狀腺荷爾蒙對胰島素敏感性的影響

甲狀腺荷爾蒙會在全身起多重作用;事實上,所有的細胞都會對甲狀腺荷爾蒙產生反應。甲狀腺荷爾蒙會改變心血管功能、調節神經系統,也是健康的生殖系統所必需的,但我們大多數人都認為甲狀腺的作用只侷限在代謝功能,是導致體重增加的原因之一。

儘管甲狀腺荷爾蒙確實能起到某種代謝節流閥的作用,意即甲狀腺荷爾蒙能藉由改變細胞運作的速率,來增加或降低代謝率,但這不太可能在現代的肥胖症大流行中有意義深遠的影響,因為肥胖者體內的甲狀腺荷爾蒙濃度通常是正常的。然而,甲狀腺對胰島素敏感性的影響,則不太為人所知。

甲狀腺荷爾蒙過低(甲狀腺機能低下)和胰島素敏感性降低有關。在甲狀腺荷爾蒙生成較少的情況下,一般細胞的胰島素受體會比較少,這代表胰島素的影響較小,而這種情況所導致的結果,就是胰臟會製造出更多的胰島素試圖引發想要的作用,例如控制血糖。當然,隨著受體數量的減少,增量的胰島素其實並不能解決問題——因為能讓胰島素作用的地方太少了!

甲狀腺機能低下的這一項特徵十分重要,如我們在第一部所看到的,胰島素阻抗與多種慢性且潛在致命的疾病有關,由於甲狀腺機能低下是造成胰島阻抗的原因之一,因此,**瞭解胰島素阻抗會有助於減輕部分通常與甲狀腺機能低下有關的併發症。**

甲狀腺荷爾蒙阻抗

通常來說，脂肪愈多，甲狀腺就會愈活躍（註：也代表甲狀腺荷爾蒙可能會過多）。這是一種「甲狀腺荷爾蒙阻抗」的類型，也就是身體對甲狀腺荷爾蒙的調控反應較差。

值得注意的是，減重往往會降低甲狀腺荷爾蒙的濃度，這表示身體變得更敏感，而甲狀腺荷爾蒙的效果也更顯著。

更重要的是，甲狀腺機能低下會以特定方式改變脂肪細胞對胰島素的反應。

在一個人患有甲狀腺機能低下的情況下，其脂肪細胞在對胰島素做出反應時，所攝入的葡萄糖會比較少，但胰島素仍然能阻斷脂肪細胞內的脂肪分解，防止細胞縮小。因此，在血液中的胰島素濃度隨著甲狀腺機能低下而升高時，血液胰島素也非常有效地防止脂肪的流失（註：指脂肪不會被分解成能量）。

另一個極端，則是過多的甲狀腺荷爾蒙（也就是甲狀腺機能亢進），這會使脂肪細胞表面的胰島素受體增加約70%，代表每個脂肪細胞對胰島素帶來的脂肪細胞生長效果反應可能增加70%，進而可能改善胰島素敏感性（後文我們會討論到，能持續儲存脂肪的脂肪細胞，對扭轉胰島素阻抗來說是件好事 P143）。

胰島素與肥胖症之間的關鍵聯繫並非本書的主要課題，不過對於瞭解肥胖症真正的成因至關重要，因為肥胖症的成因比單純的熱量平衡還要更加微妙。

／／／／／／／／／／／

　　有些荷爾蒙能恰到好處地與胰島素配合，有些則否，不過，這反應了體內的荷爾蒙微妙且精細的交互影響：壓力荷爾蒙（如腎上腺素、皮質醇）傾向與胰島素的作用相對抗並驅使胰島素阻抗的發生，而甲狀腺荷爾蒙對胰島素來說，卻有更有利但複雜的關係。在整個關於荷爾蒙的討論當中，我們曾提到脂肪細胞和荷爾蒙如何調節這些細胞的功能；嗯，該是停止在脂肪細胞周圍繞圈、直接投入其中的時候了。

11

當肥胖症導致胰島素阻抗

好了,我知道你心裡正在想些什麼:「我們不是已經討論過肥胖症了嗎?如果肥胖症是胰島素阻抗的結果,那又怎麼可能會是導致胰島素阻抗的原因?」

我的答案還是一樣:這非常複雜!

胰島素阻抗和肥胖症之間有非常強的關聯性,但哪一種病症先發生值得商榷,兩種觀點都有證據支持。在第八章中,我們探討過高濃度的胰島素如何導致體脂肪的堆積,現在,該來回顧一下故事的另一面(被更廣為接受)的證據:肥胖症如何導致胰島素阻抗。

脂肪儲存位置很重要

體脂肪就跟房地產一樣——一切都和位置有關。這是一項前所未有的重大發現,只有當脂肪被儲存在錯誤的位置時,多餘的脂肪才會與我們現在討論的主題密切相關。

我們儲存脂肪的位置絕大部分取決於我們的性別,一部分是由我們的遺傳決定(感謝老媽和老爸),還有一部分則是由飲食決定。

一般說來,我們認為,被稱為「脂肪堆積」的脂肪儲存,主要有兩種

形式──雖然總是有例外的存在（而且有些人不幸兩種形式都有）。這兩種類型的脂肪儲存形式，其關鍵不同之處在於脂肪存放的具體位置。

「女性」脂肪形式是脂肪儲存在皮膚下方的結果，被我們稱為「皮下脂肪」。這種脂肪形式的特徵是脂肪堆積在臀部和大腿，身體上半部和軀幹的脂肪則較少──想想由於雌激素的作用而常見於女性的梨形身材就能理解了。

與之相反的是，「男性」脂肪形式可能會同時出現皮下脂肪和內臟脂肪──這代表脂肪會堆積在軀幹內部、圍繞在內臟器官（肝臟、腎臟、腸道和心臟）周圍。這是典型的男性脂肪儲存形式，類似蘋果的體型。有男性形式的人會將大部分的脂肪儲存在身體中段，即「內胎」部位（註：指脂肪像輪胎內胎那樣圍繞在身體的中段）。

會抖動的脂肪比較好

想知道你的主要脂肪形式，最好的方法就是抓一把。沒錯！抓它一把！（拜託，只能用在你自己身上！）

如果你能抓住一些脂肪而且搖晃它，那就是皮下脂肪（這比較好）。如果你沒辦法真的抓住脂肪，或者你的肚子很硬而且很大，那麼你很可能有更多的內臟脂肪（這種情況就比較糟糕了）。

所以，先別急著咒罵晃來晃去的體脂肪，我們可能不喜歡它看起來或凸出來的樣子，但總比另一個選項（內臟脂肪）來得好。

我們早就知道相較於男性，女性有機會更長壽、健康，這有一部分是因為脂肪囤積對胰島素阻抗和後續發生各種慢性疾病風險的影響，存在著先天上的差異。歸根結柢，這兩種脂肪形式的重要之處，在於它們是否會造成內臟脂肪過多。大量研究已顯示，在身體的核心部位儲存脂肪有害，而且我們現在知道，當被儲存在內臟時，脂肪的作用是不同的。**由於男性將脂肪儲存在內臟的可能性更高，反過來說，這很可能是體脂肪過多的男性比女性遭受更多健康問題的原因。**一系列針對齧齒類動物的實驗已經確定這一點，當來自於肥胖動物的內臟脂肪被移植到瘦的動物體內時，接受移植的動物會立刻變得對胰島素產生抗性；而與之相對，當皮下脂肪被移植到瘦的動物體內時，牠對胰島素會維持敏感。

十分值得我們注意的是，這些規則對看似纖瘦的人也同樣適用——沒錯，即使看起來纖瘦的人，仍然可能因為有更多內臟脂肪而出現胰島素阻抗的問題。

腰臀比

想知道你現在狀況如何嗎？另一個確定脂肪形式的簡單方法，是把你腹部最大部分的周長（接近肚臍處，這是在測量腰圍）與臀部最大部分的周長（這是測量臀圍）進行比較。

請用腰圍除以臀圍，舉例來說，如果我的腰圍是30吋、臀圍是40吋，那麼我的腰臀比就是0.75。

對男性來說，理想數字要低於0.9；對女性來說，腰臀比數字應該低於0.8。

等等，請再接著看：**患有胰島素阻抗的瘦子，也有可能比胰島素敏感的對照組瘦子來得胖**。這實際上是你看不看得到脂肪的問題（註：關鍵不在於外型胖瘦，而是體內是否有脂肪堆積，尤其是內臟脂肪，而這些脂肪堆積可能是我們難以從外型上判斷出來的），這一點很重要，因為它強調肥胖症和胰島素阻抗最重要的一面：你到底胖在哪裡？

故事還沒有結束！光是知道過多體脂肪會使胰島素阻抗發生的風險增加是不夠的，我們還需要知道脂肪如何導致胰島素阻抗。**過多的體脂肪，尤其是內臟脂肪，會使兩種病理狀態增加——它會使發炎反應增加，並引起氧化壓力。**

脂肪細胞尺寸也很重要

你知道嗎？**脂肪細胞能容納的脂肪是有限的。**就像會滿出來的杯子，當你的脂肪細胞「裝滿了」，過多的脂肪就會溢出進入血液裡，而且可能會被儲存在其他組織內。科學家正積極研究過程的全貌，不過目前最為一致的結果顯示，這是因為脂肪細胞單純地對胰島素產生抗性。

胰島素會對脂肪細胞發送儲存脂肪的強力訊號，也就是直接從血液中將脂肪拉出來，同時利用葡萄糖生成新的脂肪。同樣是在這個階段，胰島素也透過抑制「脂解作用（lipolysis）」這個脂肪縮減過程，關上「出口」大門，防止任何脂肪離開脂肪細胞。

會持續儲存脂肪的胰島素敏感脂肪細胞和那些有胰島素阻抗、而且會「滲漏」脂肪的脂肪細胞之間，有一個有趣甚至是明顯（只要你有顯微鏡的話）的不同——全都跟尺寸有關！

當我們長胖時，脂肪組織可能會以兩種方式增長：不是透過增加脂肪

細胞的數量（但脂肪細胞體積仍然很小，這被稱為「過度增生」），就是細胞尺寸的成長（但脂肪細胞的數量仍然較少，這被稱為「肥大」）。由於體積的關係，尺寸較大的脂肪細胞擁有的胰島素受體，相對來說比尺寸較小的脂肪細胞少。基於這個原因，尺寸較大的脂肪細胞可能無法接受足夠的胰島素刺激，結果導致這些較大的脂肪細胞會經歷某種程度上的脂肪分解——儘管有試圖阻止這個過程的胰島素存在也一樣。

這一系列事件，是個人脂肪閾值——即脂肪細胞尺寸（根據衍生定義還有脂肪量）的極限——的證據。當脂肪細胞因肥大而達到最大尺寸時（可能是正常脂肪細胞的數倍），它會試圖限制自己進一步的成長，而要做到這一點，一個很好的方法就是讓自己變得對胰島素的生長訊號產生抗性。然而，如果脂肪細胞能透過過度增生而增加，它們就永遠不會達到上述極限，並能維持對胰島素的敏感性。

我們進一步詳細探討這個概念時，出現一種有趣的情境。

想像一下有兩個人，一個脂肪細胞肥大，另一個則是脂肪細胞過度增生。第一個人的脂肪是透過肥大而增長，當擴大的脂肪細胞對胰島素產生抗性、而且拒絕再繼續成長時，他的體重增加就會停止，因此，這個人可能只有輕微的過重（根據慣用標準而言），然而，他卻會有非常嚴重的胰島素阻抗。相反地，第二個人的脂肪細胞不斷繁殖，他的體重會持續增加，而且體重極度超重的可能性更大，然而，他卻有可能維持對胰島素的高度敏感性。

實際上，我們還可以用現代藥物「操縱」這個過程。這裡有一個吸引人的例子能看出，脂肪細胞尺寸如何決定胰島素敏感性和代謝健康，那就是一種實際上能迫使脂肪細胞朝過度增生方向發展的藥物類型——胰島素增敏劑（thiazolidinediones）。有時候，這種藥物會被開立給胰島素阻抗

的患者。循著這個思路，出現了一個有趣的情境：患者的體重開始增加，但變得對胰島素更為敏感，藥物會幫助脂肪細胞持續增生並儲存脂肪，這有助於胰島素的控制，但不幸的是會對體重控制造成打擊。

重要的是，<u>生長超過界線的胰島素阻抗脂肪細胞不只會滲漏出脂肪，還會因為尺寸「過大」而導致發炎現象，將發炎性蛋白排放進血液中</u>，這代表我們的身體正在接收這種過多脂肪和過多發炎反應混合而成的毒素，而上述兩種物質都會驅使胰島素阻抗發生。

你的脂肪細胞有胰島素阻抗？

你或許可以從血檢數字判定自己的脂肪組織對胰島素的抗性有多高。如果可以，下次你進行血液檢測時，請你的醫療保健人員測量你的胰島素濃度是多少微單位／毫升（μU/mL）和你的游離脂肪酸是多少毫莫爾／公升（mmol/L），有了這些數字，你就有了需要的訊息。

正常來說，胰島素會防止脂肪細胞把它們的脂肪以游離脂肪酸的型態捨棄，但當脂肪細胞變得對胰島素產生抗性，你的胰島素濃度就可能很高，又因為胰島素無法運作得很好，所以你的游離脂肪酸的濃度也會很高。

一篇近期發表的文獻發現，「脂肪方程式」（胰島素×游離脂肪酸）的分數9.3是最理想的分界點，也就是說，如果你的分數低於9.3，就可以放心一些，因為脂肪細胞狀況算是良好的。

為什麼脂肪細胞會變肥大？

但是，為什麼脂肪細胞增長的是尺寸而不是數量？是什麼讓它們「變壞了」？從我們已經瞭解到的部分來說，有幾個原因。看似衝突的是，有兩種截然不同的（被儲存起來的）脂肪產物，反過來可能會損害脂肪細胞以健康方式儲存脂肪的能力，迫使脂肪細胞停止數量增長，而開始讓細胞尺寸變大。

在我們探討這些脂肪分子做了些什麼之前，一堂簡短的生物化學課程可能會有所幫助。脂肪酸，是個別脂肪分子的專業術語，每個脂肪分子是由一排碳原子和連接在碳原子上的氫原子所構成。分子間氫原子的數量可能有所不同，這是脂肪酸屬於飽和（擁有的氫原子數量為最大值）或不飽和（氫原子數量比最大值少）的標誌。

4-羥基壬烯醛

第一種讓脂肪細胞變得肥大、而且可能是最糟糕的脂肪分子，名字叫做4-羥基壬烯醛（4-hydroxynonenal，4-HNE），它是多元不飽和脂肪（例如omega-6脂肪）和活性氧分子（或氧化壓力）邪惡結盟之後所產生的小怪獸。

由於脂肪獨特的結構——即所有的不飽和鍵結以及那些鍵結配置的位置，omega-6脂肪非常、非常容易被氧化。重要的是，亞麻油酸（即我們關注的omega-6脂肪）占據我們飲食的極大部分。亞麻油酸是標準西方飲食中最普遍被攝取的單一脂肪，我們可以說，它是所有加工食品和包裝食品內的主要脂肪，而一點也不令人意外的是，亞麻油酸已經成為我們儲存在脂肪細胞內脂肪的重要組成部分，約占所儲存總脂肪量的25％（在過去五十年內，增加將近150％）。

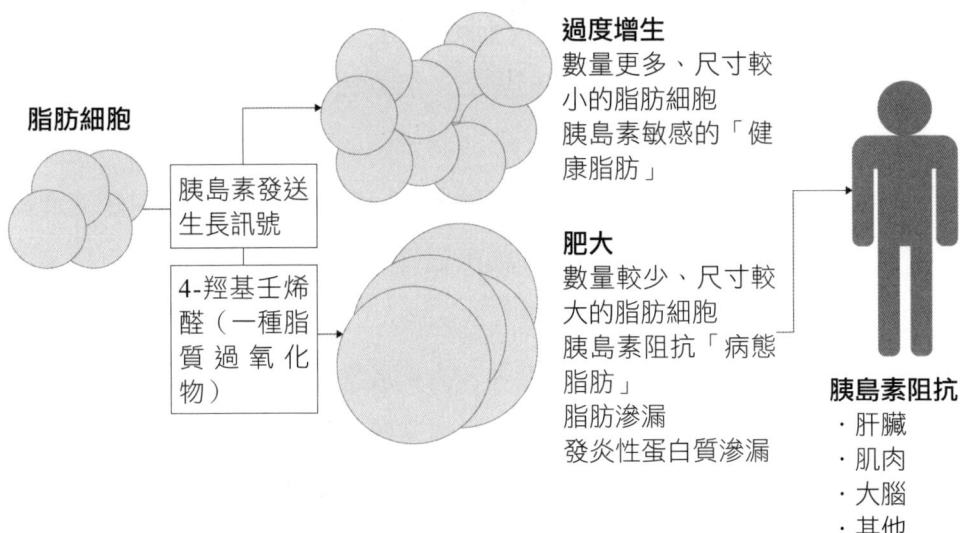

記住這一點後,我們就很容易看出先後順序:

活性氧分子撞擊進入極其普遍被儲存的亞麻油酸中,而生成了4-羥基壬烯醛→4-羥基壬烯醛堆積並擾亂脂肪細胞增生的能力→迫使細胞在尺寸而非數量方面成長。

1-磷酸神經醯胺

第二個擾亂細胞生長、並且迫使肥大發生的脂肪要角是1-磷酸神經醯胺(ceramide 1-phosphate)。

4-羥基壬烯醛是氧化壓力造成的結果,而1-磷酸神經醯胺則更被認為是發炎反應帶來的後果——細胞可以透過一系列步驟,使用其他無辜的脂肪生成1-磷酸神經醯胺,不過,起始步驟是由發炎反應訊號所啟動的。無論是怎麼發生,一旦1-磷酸神經醯胺增加到某個程度,它便會按下和4-羥基壬烯醛一樣的開關,讓脂肪細胞增殖的能力被限制,脂肪細胞的胰島素阻抗便會增加。

不只是導致胰島素阻抗

故事還沒結束,如同稍早前提過的,無論機制為何,我們都知道:從代謝角度來看,擁有更多尺寸較小的脂肪細胞,怎樣都比數量較少、尺寸較大的脂肪細胞來得好。原因包括對胰島素反應的欠缺,還有血液流通較差,尺寸較大、數量較少的脂肪細胞不只會開始滲漏出脂肪,還會釋放促進發炎反應的蛋白質——細胞激素(cytokine)P153。

隨著脂肪細胞持續將這些有毒內容物釋放進血液中,脂肪細胞的「下游」(包括肝臟和肌肉)就都成了受害者。因此,在這個以脂肪為核心的觀點中,戰鬥開始於脂肪細胞內部,但很快便延燒到肝臟和肌肉以及更多組織。

異位性肥胖症

脂肪應該被存進脂肪細胞裡——我們的身體就是如此建構的;我們當然也有能力,有限制地將脂肪儲存在其他地方,但理想狀態是將這種情況維持在最低範圍之內。當我們將太多脂肪儲存在非脂肪性的組織時(稱異位脂肪),就會產生包括胰島素阻抗在內的問題。

有幾種組織似乎和這個過程高度相關,包括肝臟、胰臟和肌肉;一旦它們變得對胰島素有抗性,身體其餘部位也會開始感受到胰島素阻抗。

這些組織每一個都能反映出我們在病態脂肪細胞中看到的情況——它儲存的脂肪種類是有問題的。三酸甘油酯看來似乎無害,即使在我們的脂肪細胞外也是,但當脂肪被轉化為神經醯胺(ceramide)時,真正的問題就開始浮現,這些「邪惡脂肪」會損害細胞的胰島素功能,不管是肝臟、胰臟或肌肉的細胞。

脂肪肝

現在你已經意識到，肝臟能透過幾種過程變得肥大，包括過量的果糖或酒精，或是藉由過量的胰島素，這些因素都會驅使肝臟利用碳水化合物製造過多脂肪。無論原因為何，只要肝臟開始肥大，它便開始產生胰島素阻抗，而一旦這種情況發生，肝臟就會開始釋出葡萄糖——即使在不該釋放的時機。只要發生胰島素阻抗，肝臟在即使不應該的時機，都會分解肝醣，導致血糖濃度持續升高。這就產生一場與胰島素的鬥爭，胰島素持續嘗試將葡萄糖推出血液（包括進入肝臟），在此同時，肝臟則不斷將葡萄糖排放回血液裡。這種長期的抗爭會「確保」胰島素幾乎一直維持在升高的狀態，進而導致胰島素阻抗情況惡化。

脂肪胰

胰臟負責生成胰島素，所以它被列在這裡一點也不令人意外，但和討論肝臟和胰島素阻抗的數據不同，關於脂肪胰和胰島素阻抗有相關性的數據，主要在於相關發現的吸引力，結論的證據決定性較為不足。

研究認為，脂肪胰可能只是胰島素阻抗和體脂肪過多的另一個症狀，但這點或許很重要。一項在中國進行的研究發現，脂肪胰患者確定患有胰島素阻抗的機率高出近60%。另一項追蹤第二型糖尿病患者超過二年的獨立研究則發現，大約在胰臟脂肪大幅減少的同時，胰臟 β 細胞的功能會回歸正常。

雖然上述這些都還不是最後結論，但或許能提供一些寶貴的見解。

脂肪肌

如果肌肉變得對胰島素有抗性，它將幾乎不可能清除血液中的葡萄

糖。從量來看，肌肉是我們多數人體內最大的組織，而且代表最大的「葡萄糖槽」——肌肉是最主要的血糖消費者，而且極度依賴胰島素開啟葡萄糖的通道和護衛葡萄糖進入肌肉細胞。

　　如果肌肉只儲存無害的三酸甘油酯，它們對胰島素的反應似乎沒有問題。不過，這全都取決於肌肉所儲存的脂肪類型，一旦肌肉內的脂肪被轉化為神經醯胺，它們就會開始攻擊肌肉內數種在正常情況下會試著對胰島素做出反應的蛋白質。換句話說，只要有神經醯胺的存在，胰島素的訊號就會被有效地阻斷。

脂肪代謝障礙和內臟脂肪

　　現代人生活在鄙視體脂肪的文化背景中，幾乎是無所不用其極地對抗它，因此，大多數人會羨慕那些因遺傳突變而無法生成脂肪組織的人，這種疾病的名稱是「脂肪代謝障礙（lipodystrophy）」。然而，欠缺脂肪組織並不代表沒辦法儲存脂肪。雖然患有脂肪代謝障礙的人看起來和你預期的一樣瘦（沒有皮下脂肪組織），但身體如此堅決地要儲存脂肪，導致脂肪被身體儲存在包括肌肉和肝臟等其他組織內，而由於塞滿了異位脂肪 P148，這些組織會發生胰島素阻抗，而且在體內製造出嚴重的胰島素阻抗狀態。

　　因此，與其咒罵我們的體脂肪（註：這裡作者應該是指皮下脂肪），我們也許應該感謝它；或許我們不喜歡它看起來的樣子，但總比另一個選擇（內臟脂肪）來得健康。

提到肌肉的胰島素阻抗，有一個非常重要的部分就是，<u>肌肉自己就能對胰島素產生抗性——不需要脂肪細胞先發生胰島素阻抗</u>。已有數項研究確認這一點，包括我自己實驗室和其他人的研究：當胰島素長期維持高濃度時，肌肉細胞會停止對胰島素做出反應。

/////////

要梳理清楚胰島素阻抗與體脂肪之間的關係，真的是一項挑戰——它們有如此多不同的關聯性！雖然關於先來後到的問題，其相關證據可說互相矛盾，但隨著脂肪細胞的生長，它們往往會產生並促進全身範圍內普遍性的胰島素阻抗。然而，這並不表示過度的脂肪細胞增長顯而易見，別忘了，「肥胖症」並不是必然事件；有時候，脂肪細胞的生長相對溫和，或是發生在較不明顯、或單純不是用來儲存脂肪的地方。

在這一章中，我要強調的重點是：<u>即使在儲存不當的情況下，也並不是所有的脂肪對胰島素訊號傳遞來說都是不好的。脂肪是好是壞取決於轉化的過程</u>——正確（或錯誤）的一系列生物化學條件會將好的脂肪推向極限。現在，就讓我們來看看那些條件。

12

發炎反應與氧化壓力的影響

我們的主流文化對發炎反應和氧化壓力的理解，已賦予這兩者糟糕的名聲。事實上，發炎反應和氧化壓力是我們免疫系統的兩個關鍵組成，它們之所以存在，不僅是為了幫助身體抵抗感染，還有助於身體在受損時的復原和痊癒。在這兩種情況中，身體的主要免疫細胞能視需要利用發炎和氧化壓力事件抵抗入侵者（例如細菌），並協助組織自行修復。

無論是否有其必要，甚至有時候是有益的，這些過程在某些情況下會跨越由好變壞的界線，導致一連串造成胰島素阻抗發生的事件。讓我們來看一看吧。

發炎反應驅使胰島素阻抗發生

在研究伴隨著感染發生的問題時，研究人員首次確認發炎反應是造成胰島素阻抗的原因之一。長期受到感染的人（這種狀況自然會伴隨著免疫－發炎反應過程的增加）會發生胰島素阻抗，這一點，在遭受像是**感染性單核球增多症**等感染相關疾病的患者身上，可以看出最明顯的關聯性。此外，**牙周炎**（即口腔牙齦的發炎反應）也可能會導致胰島素阻抗。

然而，發炎反應和胰島素阻抗在**自體免疫疾病**中也有關，這種疾病是

身體的免疫系統攻擊自身所引起。舉例來說，類風溼性關節炎是一種發炎性關節疾病，患者的身體會破壞自身的關節，這種疾病與關節的胰島素阻抗有非常密切的關係，以至於發生最嚴重發炎反應的患者也會遭受最大程度的胰島素阻抗；在其他發炎性自體免疫疾病（例如紅斑性狼瘡和克隆氏症）中，也能看見相同的影響。

此外，甚至連毒性最強且最致命的發炎反應類型——例如**敗血症**——都會導致胰島素阻抗。

肥胖症的發炎反應

沒有敗血症那麼嚴重卻更常見的**肥胖症，其實也是一種發炎性疾病**。當一個人的脂肪細胞長得太大時，血液中的免疫蛋白濃度會增加到「讓肥胖症在許多狀況下被認為是一種慢性發炎狀態」的程度。儘管比起像是類風溼性關節炎這種明顯的發炎性反應疾病來說，肥胖症中的發炎反應較不明顯，但仍然能感受到它帶來的影響，甚至對胰島素阻抗來說也是如此。在1990年代初期，就有詳細描述脂肪組織本身如何促使發炎反應發生，且最終造成胰島素阻抗的研究報告發表。

脂肪組織能夠生成蛋白質和荷爾蒙，包括被稱為「細胞激素」的發炎蛋白。由於細胞激素是從脂肪組織流出，當脂肪細胞「過大」（相對於「過多」）時，有些狀況會更容易發生，它們會讓全身上下的細胞開啟細胞內的發炎過程，尤其是肝臟和肌肉。一旦發炎的路徑被活化，無害的脂肪會變成叫做「神經醯胺」的危險脂肪，積極主動地對抗細胞裡的胰島素訊號傳遞——**有神經醯胺堆積的組織，便會發生胰島素阻抗**。

眾所周知，內臟脂肪比皮下脂肪更有害。可想而知，過多脂肪儲存在我們的內臟器官周圍會變成問題——脂肪可能會開始妨礙器官功能。這就

是為什麼1磅內臟脂肪的發炎性會比1磅皮下脂肪的要來得高，然而，可能是為了將脂肪從這些脂肪細胞移除並減少脂肪量所做出的努力，內臟脂肪組織會被巨噬細胞所充滿（巨噬細胞是白血球的原型，主要負責的工作是清理細胞廢物）。不幸的是，當人體的內臟脂肪（由於飲食和遺傳的緣故）持續增加時，巨噬細胞開始節節敗退，而且會被脂肪填滿——形成「泡沫細胞」P050。泡沫細胞會釋放出發炎蛋白，吸引其他巨噬細胞到這個區域救援，但隨著時間過去，這些援軍也會變成泡沫細胞，如此一來，問題就會變得愈來愈嚴重。

氣喘與胰島素阻抗

我們之後會在第十三章進一步討論環境毒素在胰島素阻抗的產生中扮演何種角色 P157，當人們吸入毒素（例如香菸的煙霧）時，發炎反應會成為導致胰島素阻抗的重要部分之一，暴露在一手菸和二手菸中都會增加全身的發炎反應。

然而，儘管任何接觸這些吸入性毒素的人會發生某種程度的發炎反應，甚至健康的人也會，但有些人對這些毒素會比其他人更敏感。這導致這些人可能會發生呼吸道過敏，例如像是氣喘和類似的併發症。

值得注意的是，這些對毒素敏感性更高的人也更有可能發生胰島素阻抗。發生在兒童與成人兩者的氣喘與胰島素阻抗高度相關，非常可能是伴隨著反覆暴露於吸入性毒素中所造成的慢性過度發炎性反應而產生的結果。

在試圖完成其職責的過程中，發炎反應在無意間驅使胰島素阻抗的發生。當然，發炎反應是被超出控制的因子逼進這種狀況的——尤其是飲食，還有在某些案例中是已存在的健康問題，例如自體免疫疾病。在發炎反應驅使胰島素阻抗發生的過程中，它會借助於神經醯胺等中間產物；發炎反應就像是一個團夥的老大，而諸如神經醯胺等分子則是幫凶。氧化壓力則是另一個團夥的頭頭——雖然是個小一點的團夥。

氧化壓力真的有影響嗎？

「氧化壓力」是一個廣泛的詞彙，指的是有害分子對細胞所造成的傷害，這些危險的分子通常來自粒線體。

細胞會在粒線體中利用氧氣分解葡萄糖和脂肪以製造能量，這是個時時刻刻都在發生的過程，而這個過程的產物之一，是將氧氣轉化成水（由細胞內的代謝反應所生成，被稱為「代謝水」，而這正是駱駝不需要經常喝水的原因）。這是個複雜的過程，而簡化的解釋就是，將一個氫原子和一個電子加到一個氧分子上就會生成水。然而，當氧分子只獲得一個不帶氫原子的電子時，就會產生問題，這就是一系列生成那些會造成問題之活性氧化物質分子的開端。

這種氧化壓力會改變細胞內部分蛋白質運作的方式，包括胰島素完成工作所需要的那些蛋白質。一項普遍盛行的理論是，細胞內各種牽涉到對胰島素做出正常反應的蛋白質都會受到影響，而停止發揮正確的功能，使細胞對胰島素的反應能力下降。

氧化壓力的等式有兩個方面：生成有害活性分子的因子和移除它們的因子。舉例來說，運動是個充滿壓力的事件，它會使位於工作中的肌肉內

的粒線體加速生成活性氧化物質,然而,運動也使我們移除活性氧化物質的能力增加——更重要的是,增強對抗活性氧化物質能力所持續的時間,會比運動所引起之活性氧化物質的急性產生來得更久,所以運動的淨效應是使氧化壓力降低。

氧化壓力會導致人類胰島素阻抗的證據意外地模稜兩可。患有胰島素阻抗的人確實可能比對胰島素敏感的對照組有更多氧化壓力標記——記得嗎?升高的血糖和在有胰島素阻抗的情況下出現的游離脂肪酸,會加劇氧化壓力。然而,儘管有數項研究顯示,使用抗氧化物進行治療能改善胰島素敏感性,但其他研究則顯示收效甚微或沒有任何好處,當中的關鍵,或許在於:氧化壓力可能並不會導致胰島素阻抗(雖然還是有可能的),而只是伴隨胰島素阻抗而發生的情況。

/ / / / / / / / / / /

感謝老天,人體有發炎反應和氧化壓力的存在——沒有這兩樣強大的武器,我們的免疫系統將無法與感染和其他更多問題對抗。然而,由於生活方式和眾多不健康的習性,這些武器往往被用來攻擊自己的身體,導致最終驅使胰島素阻抗發生的慢性代謝紊亂。現在,是該探討各種生活方式因子(或大或小),瞭解它們如何影響胰島素阻抗的時候了。

13 生活方式帶來的問題

到目前為止，我們應該已經明確知道，我們的環境和選擇如何與環境互動（無論我們能否控制自己的選擇）都會在造成胰島素阻抗及它在健康方面的影響。我已經提過，食物、身體活動、藥物和環境中的物質如何引起荷爾蒙變化、發炎反應、肥胖症和更多問題，現在是更深入探討這些因子的時候了。

儘管這些方面所涵蓋的主題非常廣泛，但我想我們可以簡單地將它們歸結為「生活方式因子」，將大致上的重點放在我們攝入體內的東西，以及我們對身體所做的事。

我們吸入的東西

我們持續不斷地在呼吸，每天的呼吸次數大約是2萬次，也正這個原因，我們吸入的東西對我們的健康會帶來深遠影響。

如果空氣是乾淨的，我們會更健康一些；如果空氣不乾淨，我們就會遭殃。過去一百五十年，令人難以想像的工業化已經讓我們暴露在前所未見的吸入性物質之下，而就如我們即將看到的，那可能導致胰島素阻抗發生率的不斷上升。

空氣污染

　　籠罩在城市（或者說起來是整個地區上空）的霧霾，是好幾種具生物活性的污染物。造成這種霧霾的主要原因是燃料的燃燒，其出處除了來自顯然有害且明顯的車輛和發電廠，也來自隱晦且看似無害的居家爐火和熱水器。多年以來，根據流行病學研究和介入性研究，已知空氣污染與胰島素阻抗和第二型糖尿病有關。不過，近期我們探討的主要是空氣污染中促使疾病發生的具體成分。

　　尺寸最大達僅2.5微米的顆粒物（PM2.5）可能是最常被研究、也最相關的物質，由於其尺寸非常微小，這些微粒被認為是所有空污污染物中最為致命的，因為它們的尺寸小到能進入肺部深處，甚至能進入血液中。因為PM2.5是如此廣為人知的呼吸危機，幾乎每個大城市的都會地區都會有每日（即使不是每小時）PM2.5的數值表。然而，**不論是PM2.5（可測量空氣污染物中尺寸最小的類別）或尺寸較大、無法被吸收進入血液中的同類物（例如PM10），其實都能藉由活化發炎反應而影響全身**。

　　當這些有毒分子進入肺部，免疫細胞（例如巨噬細胞）會檢測到它們，並活化細胞激素這種促發炎蛋白。細胞激素只要進入血液，就會在像是肝臟和肌肉等所有組織間流通並與其互動，有可能會導致那些組織發生胰島素阻抗。

香菸煙霧

　　暴露在香菸煙霧中會對多種器官系統造成損傷，並增加罹患數種慢性疾病的風險，尤其是心血管疾病和呼吸疾病。儘管美國的吸菸率正在穩定地下降，在所有可預防的死亡原因當中，香菸煙霧仍舊是最常見的一種（註：全球的吸菸率也趨向下降，但臺灣從民國107年至111年則有攀升之勢）。如

今，香菸煙霧依然還是一種相當常見的吸入性毒素，將近半數的美國人口經常暴露在香菸煙霧下，而大約有20%的幼童家中有吸菸者；全球形勢則更為糟糕，有10億人口吸菸，而無數的其他人則暴露在那些煙霧中。美國之外的吸菸人口數字正在增加中，在過去20年內，吸菸人數新增大約2億人——顯然這代表了可觀的健康負擔。

雖然暴露於煙霧下對心臟和肺臟所造成的明顯影響獲得廣泛關注，但**香菸煙霧也會使身體對胰島素變得極為不敏感**。逾二十年前，被譽為「胰島素阻抗研究之父」的傑拉德・瑞文（Gerald Reaven）醫師首次鑑別出吸菸與胰島素阻抗之間的關係，至今已有多項研究支持他的發現。

在這些支持的研究中，有一項研究很值得援引——它真的非常出色。所有針對香菸煙霧和胰島素阻抗的研究，不是來自動物干涉實驗，就是來自人類的前瞻性（觀察目前參與者樣本的未來結果）或回溯性（從過去的人口中找特定趨勢）研究。當然，我們不可能為了研究而去找一群非吸菸者來讓他們吸菸，那是極其不道德的，但如果缺乏這類型的研究，我們就無法肯定地倡議「吸菸導致人類的胰島素阻抗」這個說法。然而，一群保加利亞科學家仍設法證明上述論點——雖然該研究引發了倫理問題。

他們選擇7名健康的吸菸者，讓他們連續3天在1小時內吸4支菸。果然，實驗參與者在剛開始暴露於香菸煙霧下時，表現出胰島素阻抗（我們只能希望他們沒有上癮）。

重要的是，胰島素阻抗不僅讓真正的吸菸者困擾，二手菸——也就是「側流菸煙」——還會使其他人對胰島素的抗性增加。事實上，我自己的實驗室所進行的研究確認，**僅僅二手菸就足以使神經醯胺生成，那些壞脂肪很可能是因吸菸誘發的胰島素阻抗主要的驅動因子之一**。

印度和中國正經歷由包括PM2.5和香菸煙霧在內的大規模空氣污染導

三手菸也會傷害人體的代謝

你應該知道一手菸（吸菸本身）和二手菸（在吸菸者附近呼吸），在這兩種情況中，人們吸入燃燒的香菸所產生的煙霧。然而，那些煙霧還有它們包含的化學物質，在煙消散時並不會消失，它們會滯留並黏附到像是牆壁、衣物、室內裝飾品，甚至頭髮上（對我們這些禿頭人士來說是種勝利），這些持久的化學物質被稱為「三手」菸，而且出人意料地，它們仍然保有造成代謝傷害的能力。香菸煙霧這種會滯留的特性，很不幸地會與在地毯上爬行、抓握成人頭髮和衣物玩耍的幼兒產生關聯。

致的最大健康負擔。這兩個國家的空氣品質都惡名昭彰，且一貫是全球最糟糕的。這些國家經歷穩健的經濟和工業成長，這是件好事；但這種成長，很大程度上是在缺乏規範管理控制污染方面法規的情況下發生。值得注意的是，中國和印度也位列人民胰島素阻抗和第二型糖尿病發生率最高的國家。

在人們從香菸煙霧中吸入的所有有毒化學物質中，尼古丁（即最主要的成癮成分）至少也是問題的一部分。稍早之前，我們已經討論過「病態脂肪細胞」的角色 P146；當脂肪細胞對胰島素產生抗性的時候，身體其餘部位通常也會對胰島素產生抗性。脂肪細胞是尼古丁會直接作用而導致胰島素阻抗的位置之一──雖然其他組織（例如肌肉）似乎也會受到同樣的反應。

現在，**人們有數種媒介方式能取得尼古丁，包括尼古丁口香糖和電子菸，而它們全都會增加胰島素阻抗。**在一項讓吸菸者戒菸並改用尼古丁口香糖的研究中，那些使用口香糖的人，實際上會經歷胰島素阻抗的惡化，反之，有證據顯示那些並未使用口香糖的人整體上獲得改善，而儘管在某種程度上來說證據仍然十分稀少，但吸電子菸可能會導致類似的問題。

無論是刻意或出於無意，解決污濁空氣傷害的方法顯而易見、甚至是簡單的，那就是不要吸入。這是全有或全無的問題，而全無會比較好。但當討論的主題換成我們所食用的食物時，問題就會變得有點棘手；我們可以不吸菸，但我們確實需要進食。

我們吃下的東西

嘴巴是有害物質進入體內的另一個常見途徑。即使是最小心的人，都還是會攝入有害物質，並且當中已知有部分會導致胰島素阻抗。我們將在第十五章對飲食所扮演的角色進行更詳細的探討，但在那之前，有必要提及一些已知與胰島素阻抗特別相關的特定原料和攝入的物質。

麩胺酸鈉（味精）

麩胺酸鈉（MSG）即味精，由於其增加風味的特性，如今仍被廣泛地使用，然而眾所周知它對健康有害，這也是為什麼各式各樣的餐廳和產品都急於宣稱自己的食品是「無味精」的。值得注意的是，味精是最早被用於誘發實驗動物產生肥胖症的方法之一。

毋庸置疑，味精會使體內的胰島素上升；讓人們口服大量味精（短時間內攝入大量）會使胰島素對升糖負荷 P201 的反應增加，**每攝入1公克味**

精（全亞洲地區通常會達到的日常劑量），就會使胰島素阻抗發生的風險增加14%（有些天然食品中也含有微量的味精，例如某些水果和蔬菜，不過其含量低到可以忽略不計）。

石化產品

　　石化產品就是由石油製造出的化學物質。石化產品的數量繁多，包括數以千計的常用物品，地球上幾乎每一個人每天都會使用它們。我們的衣著、塗抹的乳液，還有，沒錯，甚至我們食用或飲用的食品，都能找到石化產品的蹤跡。大多數的石化產品可能是惰性的，不過至少有一部分會影響我們的健康，甚至似乎能影響胰島素的敏感性。

　　做為導致胰島素阻抗的原因之一，雙酚A（BPA）是已經被加以探討的主要石化產品。雙酚A無處不在，軟質塑膠水瓶和水壺、奶瓶、塑膠玩具，還有罐頭食品的內襯，都能發現它的蹤影。在美國，已有大約95%的人口在血液中能明顯測得雙酚A。在動物方面，直接接觸雙酚A會使胰島素阻抗和血液中的胰島素濃度增加；在人類方面，雙酚A和胰島素阻抗的關聯性十分穩固一致——血液和尿液中雙酚A濃度較高的人，更有可能患有胰島素阻抗。

　　雙酚A究竟如何導致胰島素阻抗，目前尚未完全釐清，不過可能是導因於雙酚A模擬雌激素的能力，在所接觸的雙酚A濃度長期增加的情況下，這可能會誘發胰島素阻抗。

殺蟲劑

　　「殺蟲劑」界定的是一種各式各樣用於制止或殺滅昆蟲的化學品大類；殺蟲劑的使用，以及我們隨後的接觸都很值得注意；全球每年使用的

殺蟲劑有數十億磅（而美國的使用量少於大多數國家）。然而，就像石化產品一樣，殺蟲劑隨處可見。

有機氯殺蟲劑（例如DDT）過去曾經是最常見的殺蟲劑種類，雖然在近幾十年內已經變得較為少見，但是，影響仍然存在。研究顯示，暴露在有機氯之下將可高度預期胰島素阻抗的發生。一項從1980年代中期開始追蹤實驗參與者至2000年代中期的研究發現，那些血液內有機氯濃度最高的參與者，最有可能發生胰島阻抗。從那之後的短期研究，也都支持這些發現。

雙酚A和有機氯在如何殘留這方面很相似。我們的身體可以保留這些毒素——這種能力實在讓人驚異它們就像源源不絕的贈品（註：形容毒素的持久性和難以排除）。只要我們已經暴露在這些毒素下，身體通常就會將這些有害分子儲存在脂肪組織內，所以，身上有更多脂肪的人可能會擁有更大的容量來儲存這些毒素，而且內臟脂肪更有可能累積這些毒素——可能比皮下脂肪高出達10倍之多！

糖和人工甜味劑

到目前為止，你已經知道糖會影響胰島素。我們對含糖食品（在這裡指的是含有額外添加的天然糖或高果糖玉米糖漿的產品）日益增加的攝取量，已經毫無意外地與胰島素阻抗發生機率上升的趨勢不謀而合。

果糖

如今，果糖已經普遍到嚇人的地步。大量的加工食品和包裝食品當中（～70％）都可以發現果糖，無論是純果糖、蔗糖（葡萄糖＋果糖），或者是高果糖玉米糖漿。

純果糖的使用日益增加，甚至被用在從運動飲料到蛋白粉這類「健康」產品中；許多人因為這是一種「天然原料」而誤以為它比糖和其他甜味劑更健康。一項關於果糖（和它各種不同形式）令人關注的趨勢是，它如何在未多加考慮後果的情況下，繼續被廣泛地使用。

　　<u>無論來源為何，也不管是純的果糖（例如果糖結晶）或是與其他糖結合（例如蔗糖），果糖都已被證實會使胰島素阻抗增加</u>。果糖究竟透過何種方式使胰島素阻抗發生，目前還不是很明確，有可能是藉由它對體脂肪庫存的影響（就像我們在談到肝臟健康時所討論過的 P104），或者藉由讓發炎反應增加。稍早前，我們曾談過氧化壓力 P155，由一半葡萄糖和一半果糖構成的糖很容易增加氧化壓力；當然，這種單一碳水化合物的組合會使血糖和胰島素增加──增加的幅度愈高，氧化壓力便愈大。

人工甜味劑

　　人工甜味劑是廣泛的非營養化合物大類，也就是嚐起來像糖，但提供的熱量很少或沒有，也沒有營養。關於特定甜味劑與胰島素阻抗的證據十分稀少，但已經足夠讓我在這裡談一談可能造成的問題。

　　研究人員已得出人工甜味劑會使罹患胰島素阻抗的風險增加的結論。根據研究，每天飲用以人工甜味劑調味的汽水（健怡汽水）的人，發生代謝症候群的機率要高出36％，而罹患第二型糖尿病的風險更高達67％。這些研究都是相關性研究，我們無法對甜味劑和胰島素阻抗做出任何真正的結論，但強大的關聯性確實暗示二者存在因果關係。

　　有少數幾種理論或許可以解釋這個結論，包括人工甜味劑會使我們對「真正的」食物的渴望增加、哄騙我們認為之後可以吃得更多（諸如「因為這罐汽水沒有任何熱量，所以我可以吃掉這些薯條」），以及（我最偏

好的解釋）即使它們不會提供有意義的熱量，但可能會引起小幅度的胰島素飆升。

讓我們對最後一點進行更進一步說明，這種現象被稱為「頭期胰島素反應（cephalic phase insulin response）」，這是對甜味食物的自然反應，有助於讓身體為碳水化合物負荷做好準備──因為它應該要準備好！

自然界中，任何嘗起來有甜味的東西都是碳水化合物，頭期胰島素反應就是身體在預期碳水化合物負荷即將到來時，藉由先釋放少量胰島素來「啟動馬達」，而碳水化合物負荷將在稍後引起更多胰島素釋放。一項有趣的研究探討各種不同的甜味劑對胰島素釋放方面產生的影響。每名受試者在進餐時會喝下不同的甜味飲料；進餐時飲用蔗糖（糖）將對胰島素釋放最大的影響，但有趣的是，進餐時攝入阿斯巴甜會產生和攝入糖幾乎一模一樣的效果（但也有證據挑戰這種說法），而甜菊、赤藻糖醇和羅漢果萃取物則不會造成影響──請記得，這些資料的重點在於進餐的同時飲用甜味劑；單獨攝取甜味劑似乎沒有任何作用。

腸道細菌怎麼辦？

有證據支持甜味劑會影響腸道細菌（不見得是以不好的方式）這個觀點，這種可能發生的變化，能夠解釋為何部分甜味劑可能會影響部分人的葡萄糖和胰島素濃度，而不會影響其他人的。同樣的，這些全都是理論，但如果關於腸道細菌的觀點是站得住腳的，那麼讓人非常沮喪的是，甜味劑的影響可能因人而異。

脂多醣

脂多醣（Lipopolysaccharides）是特定類型細菌與生俱來的分子，已知會活化體內非常特定的免疫事件——**脂多醣或許可以被視為最糟糕的毒素之一**。脂多醣之所以值得注意，是因為它無所不在；它存在於我們吃的食物、飲用的水，甚至在某些情況下，存在於我們所呼吸的空氣中。因此，脂多醣是一種可同時歸類於吸入性和攝入性的毒素。脂多醣的研究，與過去十年來進行得如火如荼、探討腸道細菌及其在代謝紊亂（例如胰島素阻抗）中所扮演角色的研究密切相關。

與之前提過的毒素類似，脂多醣會活化發炎反應，這涉及在整個循環系統各處遊走的發炎性蛋白（而發炎反應與胰島素阻抗有關）。不過，脂多醣本身可從血液中被探測出來——體重過重和有胰島素阻抗的人，血液內確實會檢測出較高含量的脂多醣。

低密度脂蛋白與脂多醣

膽固醇和它們的脂蛋白載體（高密度脂蛋白、低密度脂蛋白，還有極低密度脂蛋白）經常被以負面的方式討論，就好像它們是什麼可怕的東西一樣。然而這些脂蛋白，尤其是低密度脂蛋白，也在「中和」脂多醣中扮演重要角色。

更明確地說，它們帶有一種叫做「脂多醣結合蛋白」的蛋白質。就如你所猜想的，它會實際與脂多醣結合，將其送往肝臟，再從肝臟進入腸道、並由身體排出。事實上，這可能是低密度脂蛋白膽固醇濃度低的人更可能遭受嚴重感染的原因。

然而，我們並不清楚脂多醣為何、以及如何能從腸道或肺臟進入血液中。部分證據顯示，當我們吃下特定營養素，例如脂肪或果糖時，脂多醣會更容易被吸收。無論如何，這些結論存在侷限性，因為關於這個題目大多數已進行的研究都是針對齧齒類，而齧齒類對食物和脂多醣的反應與人類大相徑庭。

鹽分過少

不，那不是打錯字，食用的鹽分過少可能會造成代謝問題。由於害怕鹽可能會使血壓升高（但這其實因人而異 P043），數十年來，醫生們都建議我們少吃鹽。這個觀點主張，吃的鹽過少所帶來的風險比攝入過多鹽所帶來的風險要少得多。

不幸的是，這大錯特錯！

在一項研究中，研究人員找來27名血壓正常或有高血壓的男性，並在為期1週的時間裡，限制他們的鹽分攝入。第一個壞消息是：<u>他們的血壓並沒有降低</u>。還有更糟的：<u>他們對胰島素產生抗性</u>——難怪研究人員傾向寫下「限制膳食鹽分有潛在負面影響」的記錄。

另一項附加研究支持鹽分過少會導致胰島素阻抗的觀察：152名健康的男女連續數週採用低鹽或高鹽交替的飲食，並在每週結束時測量胰島素濃度和胰島素阻抗。與之前的研究類似，當食用的鹽分變少時，受試者的胰島素阻抗明顯變得更嚴重。

針對這種鹽分敏感反應，相關解釋認為這種反應是由荷爾蒙所引起。當鹽分攝取減少，腎臟會啟動把儘可能多的鹽分由尿液重新吸收回血液中的過程。別忘了，這個過程要通過醛固酮 P043 的作用才能發生。然而，在醛固酮回收尿液鹽分的同時，它也會對抗胰島素，造成胰島素阻抗。

飢餓

在讓體重過重和患有第二型糖尿病的人控制血糖和胰島素這個議題上，「少吃一點」一直是傳統思維的主要內容。不幸的是，雖然這種說法在一定程度上有證據為基礎，但這種模糊不清的建議有可能會被錯誤使用或徹底被濫用，畢竟，斷食和挨餓之間只有一線之隔。

長期吃得太少可能會變得對健康有害，例如罹患像是神經性厭食症或心因性暴食症等飲食失調的案例。除此之外，就如同我們已經看到的，處於長期食物匱乏情況下的母親，所生出的孩子會受到顯著且出乎意料的影響 P069。

斷食，甚至是多日斷食，與飢餓間的一個重要區別在於肌肉組織的狀態。**如果斷食持續到肌肉明顯發生流失的地步，那麼，斷食就已經轉變成飢餓**。這不是非常容易發生的事，如果肌肉量少到無法讓我們活動身體，我們身體的基本能力和活動功能就會大幅降低。所以，身體會保衛我們的肌肉，直到我們的脂肪即將耗盡。然而，每個人擁有的體脂肪都不同，因此很難確定跨過那道線要花多少時間。儘管如此，**在正確執行的情況下，斷食可能是管理胰島素濃度的一個有效策略**（後文會討論間歇性斷食的治療性使用 P190）。

我們的行為

除了我們食用的食物或呼吸的空氣之外，我們的日常生活行為對代謝健康與胰島素敏感性也非常重要。當然，我們都有不同的人生和日常工作，這讓我們的行為產生多樣性。但即使如此，我們都有一些對維持健康的胰島素功能來說，非常重要的共同事項。

睡眠

當我們睡覺時,對環境的反應性會降低,好讓我們的身體得以恢復。我們都知道,充足的睡眠對良好的健康十分必要(對新手爸媽的提醒:你不會喜歡看到這句話……),然而,在講到睡眠時,我們到底要如何定義「充足」?

經典的說法是,我們需要每晚大約8小時有意義的睡眠;但沒有硬性規定非得要怎麼睡。相當近期的證據顯示,多個較早期的文明習慣早起,或者晚睡。平均來說,似乎我們祖先的夜間睡眠時間有可能是從5小時到7小時,比現在建議的8小時少。有可能我們當中的一部分人或許只需要比其他人少的睡眠——也就是說,我們當中有些人的DEC2基因發生突變,讓我們得以在睡眠時間極短的情況下,也能茁壯成長。

儘管我們可以爭論夜間睡眠的實際理想時長到底是多長,但有一個共識非常明確且受科學支持,那就是睡眠不足(無論對每個人來說代表什麼意義)對健康是有害的。產生「睡眠債」的潛在負面影響之一就是內分泌系統的明顯改變——我們的荷爾蒙會發生變化。尤其是比起睡眠正常的一週,只要僅僅一週的睡眠不足,就可能讓身體的胰島素阻抗增加約30%。事實上,一項非常近期的研究顯示,這種影響甚至更加強烈;<u>只要限制睡眠時間2天(大約正常時間的50%),就足以讓本來健康的男性發生胰島素阻抗</u>。

由於睡眠剝奪會導致胰島素阻抗,所以很難有人會想到午睡太久也可能造成問題!和夜間的睡眠一樣,時長很重要。就午睡來說,魔法數字似乎在30分鐘左右。相比於不午睡的人,每天午睡超過大約1小時的人更有可能發生胰島素阻抗,而那些每天最多午睡30分鐘的人發生胰島素阻抗的機率則相對較低。

不要太亮

如果人們正在與失眠鬥爭，他們更常在夜晚是清醒的這一點可能不是那麼重要，重要的反而是他們在晚上醒著的時候在做什麼。更具體來說，暴露在明亮的光線下，例如小型電子螢幕發出的光亮，可能是一個人會不會因睡眠剝奪而產生胰島素阻抗的決定性因素。

夜間暴露在光線下會使身體的褪黑激素濃度和（更重要的）皮質醇濃度發生變化；這種影響在沒有光照的睡眠剝奪期間不會那麼明顯，這顯示<u>保持在黑暗中可能可以調解胰島素阻抗的發生</u>。

久坐不動的生活方式

「用進廢退」這句格言也可以套用在胰島素敏感性和身體活動上，我們愈少活動身體，胰島素阻抗的情況就會變得愈嚴重。事實上，這種現象被如此廣泛地觀察到且非常明確，讓許多人懷疑身體的不活動是胰島素阻抗隨著年齡增長而出現惡化傾向的主要原因。數日的久坐不動，會導致本來健康的人發生明顯的胰島素阻抗，在年長者身上，問題只會變得更糟。要注意的是，這不是細微的影響——**只要久坐不動1個星期，就會讓胰島素阻抗增加7倍！**事實上，數週的不活動，對胰島素阻抗有持續性的影響；即使我們改變自己的行為模式、開始運動，胰島素阻抗仍會持續數週，程度大約是持續有身體活動者的2倍左右。

因身體的不活動而產生的胰島素阻抗，主要是我們的肌肉造成的結

果：因為我們不使用那些肌肉，它們對胰島素就比較沒有反應。有趣的是，這種因為肌肉不使用所引起的胰島素阻抗，會以一種精確得不可思議的方式發生。舉例來說，如果有一條腿被打上石膏（因此無法活動），在幾天內打石膏那條腿的胰島素敏感性就會變成可以活動的腿的一半。

解釋沒有活動的肌肉內發生胰島素阻抗的分子機制很有趣，基本上，不活動性操控發炎反應的路徑。我們已經探討過發炎反應如何導致胰島素阻抗 P152，而那些相同的事件會發生在那些肌肉很少活動或沒有活動的案例中：未加使用的肌肉會經歷發炎性事件的活動增加，而這會驅使胰島素阻抗發生。

即使像坐著太久、太常坐著這種看似無害的事，都和更嚴重的胰島素阻抗有關。一項非常有趣的研究發現，**對比於不時打斷持續坐著的狀態，讓人們在進餐前持續坐著2個小時，對膳食的血糖反應要高出約45%**。要緩衝長時間坐著對引發胰島素阻抗的危害，簡單的解決方法就是大約每20分鐘中斷坐著的狀態一次，持續時間只需2分鐘。舉例來說，只要偶爾活動一下你的肌肉；讓肌肉收縮30次、每次數秒就足夠降低風險。

////////////

我知道你是怎麼想的：生活裡有那麼多要煩惱的事，而現在我們還得擔心呼吸的空氣、吃下的化學物質，還有其他更多。關於這一點，雖然我們不可能做對所有事情，但還是應該努力確實檢查生活習慣和環境，以確認能夠控制的變因。

如果你居住在空氣品質糟糕得可怕的城市裡，顯然你沒辦法改變這一點，但你或許可以考慮出門配戴能過濾PM2.5的口罩；雖然睡眠難以捉

摸，但如果你改善生活習慣，睡眠會變得比較好——尤其是早早在就寢時間前遠離螢幕。

我希望你已經對自己身處的環境與生活習慣付出更多關心。這些小小努力的總和會比單獨的影響更大；就算每件事看起來無足輕重，晚上早點放下你的手機，還有更頻繁地更換家用空氣過濾器濾網，都將會影響你的身體如何感測和回應胰島素。不過，在你進一步瞭解預防和逆轉胰島素阻抗的方法後，你會想要做更多，而那也正是我們在下一部即將討論到的。

Part 3

如何扭轉胰島素阻抗？

14

身體活動的重要性

在全面介紹胰島素阻抗及許多由胰島素阻抗引發的疾病和失調後，是時候來個圓滿的結局了！預防、甚至逆轉胰島素阻抗有很多途徑，我們的目標在於突顯出科學支持能改善胰島素阻抗的發現，並傳達其中的優點，以及在相關情況下會發生的弊端。

我深信改變生活方式能有效降低發生胰島素阻抗的風險，甚至還能在胰島素阻抗發生後將之去除。我知道這個範式（註：指一種被公認接受的理論和框架，包含假說、理論、準則和方法等都在內）既可能讓人沮喪，也可能令人感到鼓舞。雖然確實規劃鍛鍊計畫與飲食承諾，都會讓你變得更好，卻也不像吞下一顆藥丸那樣簡單，而且收效不如減重手術那麼快，但藉由改變我們的生活方式，就能解決體內一開始導致胰島素阻抗發生的根本，而不是透過藥物治療表面症狀，也不必經歷劇烈、往往不可逆轉（註：指手術所帶來的生理變化往往無法被逆轉——後悔也來不及）的外科手術方法。

因此，我們的生活方式，可能會同時成為胰島素阻抗的罪魁禍首和治療方法。當然，導致胰島素阻抗有各種各樣的因素存在，例如遺傳和環境污染，我們對那些因素的控制權可以說很少或完全沒有。但是，對於絕大多數的大眾、包括每個正在閱讀本書的人來說——就是在說你——我們可以控制自己如何生活，而即使其他的胰島素阻抗因子（例如基因）並不有

利，生活方式仍是我們所能做出最強而有力的改變。生活方式涵蓋胰島素阻抗風險的兩項重要構成要素，就是如何活動和吃的東西——換言之，就是運動和飲食。

在你抱怨這句話缺乏新意，並且為可預見的、所需要付出的自律及耐性而心驚膽戰，甚至把頭埋進手裡之前，你要知道，改變你的身體活動和你所吃的食物，並不一定像你過去遭受過的可怕經歷。

就胰島素阻抗（以及許多源自於它的疾病）而言，在談到飲食和運動時，你所知的很可能是錯誤的，而你以前嘗試過的，或許並不像你以為的那麼有幫助。所以，別再為你可能永遠不會去跑（或走）的馬拉松進行訓練了，還有，丟掉你的脫脂食品吧。

一定要動起來

運動對改善胰島素阻抗非常有幫助；事實上，任何類型的身體活動都有助於對抗胰島素阻抗，這是因為活動身體能在不涉及胰島素的情況下將葡萄糖從血液中移走。

在第一章中，我告訴過你們胰島素會「打開門戶，將血液中的葡萄糖送到身體各部位，例如大腦、心臟、肌肉和脂肪組織」。我們的身體需要胰島素引導葡萄糖從血液進入組織中，並讓我們的血糖濃度恢復正常。事實上，這種淨空的過程是如此重要，使得我們的肌肉，也就是最主要的葡萄糖消耗者，能自行獲取葡萄糖。

想要讓我們的身體以任何方式活動，都必須收縮（屈曲）肌肉。有趣的是，當肌肉收縮時，它們就能在沒有胰島素的情況下從血液中吸收葡萄糖（離題一下，有迷思認為肌肉只能利用葡萄糖取得能量，但肌肉確實能

非常好地利用其他燃料來源，例如脂肪或酮體 P207），這代表即使肌肉**對胰島素有抗性，但在收縮時，它還是可以把葡萄糖從血流中拉出來**。由於運動能讓這種不依賴胰島素的過程啟動，我們的血液胰島素濃度在運動期間和剛運動完時會比較低。事實上，只要有活動，就會有非常明顯的幫助，使身體在沒有任何體重變化的情況下，對胰島素變得更為敏感。

除了肌肉收縮和參與其中的胰島素繞道過程，**運動似乎還可以藉由緩解許多像是中央型肥胖、氧化壓力、發炎反應等等影響胰島素敏感性的原因**，進而改善胰島素敏感性。一項研究讓患有胰島素阻抗的人連續三個月進行中等強度的步行運動，即使在相對短暫的研究過程中，這些人的體脂肪也平均減少了2%，而且減少的脂肪大部分屬於內臟脂肪。2%的變化並不多，不過仍舊足以改善參與者的胰島素敏感性；另一項研究則發現，三個月的運動介入能在體重沒有減輕的情況下，使發炎標記物和氧化壓力降低。此外，規律且平均的輕度運動也能改善睡眠並降低壓力標記物。

運動與減重

根據你對運動和體重的瞭解程度，你可能會預期從科學研究中獲得「運動會導致顯著的體重減輕」這個幾乎算得上是共識的結論。

有趣的是，數十年的研究明確顯示：光靠運動並不是減輕體重的有效介入手段。不過，這當然不是不運動的理由，運動的好處可能並不包含減重，但確實有數種其他好處，包括更強壯的肌肉和骨骼，還有更好的心肺功能。

將運動做為改善胰島素阻抗介入手段的另一個有趣觀點，在於它對所有年齡段和性別都有效。在一項研究中，只要規律運動十六週，50～65歲男性的肌力不僅改善將近50%，他們的胰島素敏感性也增加超過20%。這還是在飲食沒有做出任何變化的情況下，他們只不過是開始運動而已。

有氧運動對比於重量訓練

要跑步（或者騎腳踏車，或者游泳）？還是舉重？——這是個值得思考的問題。

如果你有時間，當然可以同時進行有氧運動和重量訓練；你會體驗到比只做有氧運動或只進行重量訓練更強大的改善。但說到底，我們大多數人只能將有限的時間用在能讓我們獲得最大好處的活動上。

絕大多數的研究都僅在有氧運動的背景下探討運動和胰島素阻抗的問題，然而，其實的確已有相當多研究確認：進行重量訓練（即使每週只有二次）也足以改善胰島素敏感性。不論是有氧運動或重量訓練，全都有助於加強規律運動在抵抗胰島素阻抗中所起的作用。

比較有氧運動和重量訓練兩者對胰島素敏感性相關影響的研究發現，以分鐘為單位，**重量訓練在改善胰島素敏感性方面的效果可能比有氧運動更為優越**。一項追蹤大約3萬2千人將近二十年時間的研究發現，每週從事有氧運動或重量訓練2.5小時能獲得相似的改善，但當參與者花費在運動的時間較少時，重量訓練會更勝一籌（所以，如果你每週只有1小時的運動時間，重量訓練的投資報酬率會更高）。

會有這樣的差異，很可能是因為每種運動類型所帶來的個別肌肉質量發生改變；重量訓練能增加肌肉質量，但有氧運動不能。你應該還記得，

體重與肌肉量

若干研究顯示，有氧運動對體重的改善幅度比重量訓練更大。當然，這在很大程度上取決於受試對象的運動時長，不同研究之間的差異非常大，但這種結論所帶來的更大問題是，體重並不是身體組成的指標。肌肉的重量大於脂肪，因為重量訓練讓肌肉量增加的幅度大於有氧運動，這自然會影響體重。

對一般人來說，肌肉是體內最大的器官；肌肉也是經胰島素刺激，攝入葡萄糖的最大目的地。如果我們擁有更多肌肉，就能有更大的場所儲存血液中的葡萄糖，從而使血液胰島素下降。

讓我們做個總結：**你願意去做的運動就是最好的運動**。挑戰自己去做一些不熟悉（或甚至會不舒服）的事當然有其價值所在。然而，如果你對某種類型的運動已經足夠反感，以至於投入其中會代表你什麼都不想做，那就堅持做你知道自己會去做的運動──**不過，要更努力一點**。

運動強度也很重要

除了簡單的規律運動之外，下一個關於運動和胰島素阻抗最重要的變因是運動的強度。

人們對待運動的態度通常相當隨意；無論是有氧運動或重量訓練，我們許多人做的都只是完成動作而已。運動應該是相當費力的嚴峻考驗；為運動付出的努力和專注，可能會讓我們當中的一些人感覺不愉快，但你要

喝運動飲料之前先想一想

如果你運動的理由是想藉由改善胰島素敏感性增進代謝健康，那就放下鍛鍊後的運動飲料吧，它會讓事情變得更糟。運動是改善胰島素敏感性的好方法，然而，在鍛鍊之後加入葡萄糖負荷（許多人相信那是必要的），會失去運動帶來的胰島素敏感性改善效果。

最好的觀念是：如果運動之後你感覺舒服，就沒有必要攝取含糖的飲料和食物。

知道：報酬是豐厚的。能夠充滿活力地運動，胰島素敏感性會有更大的改善（還會帶來許多其他好處）。然而，如果較高強度的訓練考慮起來太令你卻步，別忘了——任何強度的運動都是最好的起點。

在有氧運動的案例中，可以考慮強度較低的訓練，尤其當你正處於改變飲食的初始階段。如果你已經開始吃更多的脂肪和較少的碳水化合物，有節制的運動會讓你的身體有時間適應這種燃料來源的轉換。在搭配低強度運動的情況下，身體確實會相對使用更多脂肪做為燃料。重要的是，隨著個人訓練程度日漸提高，身體在愈來愈高的鍛鍊強度下，便能夠主要使用脂肪（而非葡萄糖）做燃料。

隨著逐漸適應使用脂肪做為運動的燃料，增加強度可能意味著比平常更快的步行速度、夾雜著間歇短跑的快走、劇烈的慢跑，或是夾雜著周期性衝刺短跑的慢跑。類似的原則也適用任何其他有氧運動，例如騎單車或游泳。

降溫冷卻

　　我們感覺舒適的「溫度中性環境」有沒有可能是我們新陳代謝下降的一部分？為了改善和控制胰島素濃度，經常暴露在寒冷中可能是你所能做的、最讓人意想不到的事。

　　在深入顯示暴露在低溫下能改善胰島素敏感性的證據前，我需要先介紹一種你可能從未聽過的脂肪類型：棕色脂肪。我們身體的大部分脂肪都是被稱為「白色脂肪組織（WAT）」的「白色脂肪」，組織本身的顏色就相當白，部分原因是由於脂肪細胞的內部缺乏粒線體（粒線體帶有棕紅色）。相對的，人體內存在明顯不同的小塊脂肪，其中部分脂肪細胞不但小很多，還呈現非常濃重的棕色；這些脂肪中充滿粒線體。

　　粒線體是重要的「能量中心」，藉著分解葡萄糖和脂肪為細胞製造燃料，但在棕色脂肪組織（BAT）內的粒線體，會有和大多數粒線體不太一樣的表現。通常粒線體只會根據細胞的能量需求燃燒營養素（意即碳水化合物或脂肪）；因此，細胞的能量需求決定（或者說連接）細胞能量的生成，這很合理。然而，棕色脂肪組織的粒線體富含「非伴隨蛋白（uncoupling protein，又稱脫聯蛋白、去偶合蛋白）」，就如同名稱所顯示的，這些蛋白質讓粒線體得以燃燒營養素，而且並非是為了提供能量給細胞，而是單純地產生熱量。因此，白色脂肪想要儲存脂肪，而棕色脂肪想要燃燒脂肪。事實上，棕色脂肪組織被活化時的代謝速率可與肌肉相媲美，而且會和肌肉細胞用掉一樣多的葡萄糖。

好了,可以來談低溫了;當我們的皮膚變冷時,棕色脂肪組織便會被活化。

皮膚的「魔法溫度」似乎是**攝氏18度**——低於這個溫度,男性與女性體內的棕色脂肪組織會變得活躍,並開始為了努力讓身體溫暖而燃燒葡萄糖。

這個溫度之所以特殊,是因為對大多數人而言,這個溫度需要身體更加努力保持溫暖,卻又不需要太努力。肌肉不需要發抖,因為棕色脂肪組織能活化並產生足夠熱量(事實上,這個過程正可以解釋為何嬰兒不會發抖,他們擁有大量的棕色脂肪組織來讓自己保持溫暖)。然而,當溫度下降到低於這個數值時,身體便會開始發抖,這是用來產生熱量以維持身體內部溫度的方法,更強烈,也有效。

和這兩種過程(發抖和非發抖生熱作用)有關的是燃料,即葡萄糖。在這兩種過程中,葡萄糖的消耗都比在正常狀態下快。這種情況的好處就是胰島素濃度會隨著葡萄糖的使用而下降,部分原因是由於肌肉顫抖和棕色脂肪組織的活化會使葡萄糖的消耗增加,讓胰島素的分泌在寒冷狀態下迅速下降。

隨著暴露在低溫中,脂肪組織會額外出現一種非常有趣、影響胰島素敏感性的變化。脂肪組織能生成被稱為「脂肪激素(adipokine)」的荷爾蒙,這種荷爾蒙會影響無數代謝過程,由白色脂肪組織所釋放的脂聯素(adiponectin)就是能使胰島素敏感性增加的有益荷爾蒙之一。有趣的是,脂聯素的濃度會隨著暴露在低溫下(2小時)而增加。

事實上，對那些需要擠出時間的人來說，只要在較短時間內增加強度（～20分鐘），在改善胰島素阻抗方面就至少和較低強度、持續時間較長的運動一樣有效，因此，這種短時間內增加強度的運動形式，被稱為「高強度間歇訓練（HIIT）」如今大受歡迎，很有可能你或者你認識的人已經在進行這種運動了。

對重量訓練而言，較高強度的鍛鍊代表每組動作要進行到接近個人的極限，無論是藉由增加重量或重複更多次。這種運動類型不但需要時間適應更費力的例行練習，還需要更大的決心。持續進行一種運動，直到你無法再重複下一次，在心理和生理上同樣讓人筋疲力竭。

同樣的，這不是一件可以一口氣做到的事。為了避免受傷，你應該循序漸進地增加強度，直到無法再進行5～15次的重複動作為止——**比起運動的次數，在每次運動中達到極限更加重要**。

/ / / / / / / / / / /

在讀完本章之後，你可能會做出這樣的結論：口號就是「經常並努力」，然而更好的重點會是：「做就對了！」從現在開始，做你能力所及的運動。如果你對自己誠實，你會確保自己按部就班地增加運動頻率或強度，以便幫助你，讓你為提升自己的胰島素敏感度所付出的努力，可以得到最大程度的回報。另外，**雖然運動在對抗胰島素阻抗方面非常有效，但最好還是要與我們吃下的食物和何時進食方面做出的改變互相搭配**。

15

提高胰島素敏感性的飲食

對抗胰島素阻抗的解決辦法中,最有效果的,就是我們所吃的食物。不過,最有效果、卻也最難改變。

近數十年來,關於這一點已有無數著作,因此對我來說,要探討改變飲食對胰島素敏感性的益處,需要對已發表文獻進行詳盡且審慎的分析,而分析的結果讓我導出一個不可避免的結論:當談到飲食時,我們都搞錯了方向。

肥胖症和胰島素阻抗的流行,在某種程度上是扭曲科學來迎合政治所出現的產物。就如同蓋瑞・陶布斯《好卡路里,壞卡路里》和妮娜・泰柯《令人大感意外的脂肪》中的詳盡記載,那是在1950年代和1960年代,根據顯示膳食脂肪(尤其是飽和脂肪)與心臟疾病有關的有限且具高度爭議性的資料,所達成的一項政治共識。在超乎尋常的短時間內,這種關聯性便被認定成因果關係,使得一項假說成了飲食方面的教條。很快地,我們就集體學會詆毀膳食脂肪,將其視為導致心臟疾病、體重增加和糖尿病的主要原因──儘管在當時,科學群體廣泛地批評這種主張。

用最簡單的方式來說,這場政治議題與科學進程之間的思維戰爭主要圍繞在,熱量數字和熱量類型與決定良好健康所需之理想營養。熱量數字支持者的論點是,一切都是數學的問題:當你攝入的熱量少於所使用的,

你就會是瘦且對胰島素較為敏感的；如果你攝入的熱量比使用的多，就會是肥胖且有胰島素阻抗的。另一方面，有許多人認為熱量的類型比數字更為相關；營養素一旦被攝入，就會影響身體的荷爾蒙，尤其是胰島素，而且正是這種後續的胰島素效應，驅動了胰島素阻抗、增重，以及最終疾病的發生。

這麼一來，根據所信仰的流派，你對胰島素阻抗的解決辦法如果不是限制熱量（這幾乎代表著一定是低脂飲食），就是限制某些種類的碳水化合物（旨在讓胰島素能維持在低濃度）。

由於人體在某種程度上是比單純的火爐要更複雜一些的，**關於飲食，我們認為並不只是「攝入熱量，消耗熱量」而已**，就讓我們先來看看這些不同方法的相關研究。

限制熱量有幫助嗎？

在我們的社會中，最常見用來防止體重增加或輔助減重的飲食干預方式就是熱量限制，而且這同樣也是用來嘗試修正胰島素阻抗的工具。

熱量限制對胰島素阻抗的影響不明確

雖然熱量限制能讓體重減輕（即使只是短期的），但熱量限制對胰島素阻抗的影響卻不是那麼明確。

這些互相矛盾的發現或許可以用所減掉的體重屬於何種類型來解釋。**熱量限制的問題之一，就是你無法控制減重會發生在身體的哪個部位**。我們當然想要降低體脂肪，但我們已經知道，在這種委婉說來是熱量限制的輕度飢餓（希望是輕度的）狀態下，身體也會使人體包括肌肉和骨骼等瘦

體組織減少。這很容易看出問題：一個人擁有的瘦體組織（尤其是肌肉）愈少，能協助將葡萄糖從血液中清出、並讓胰島素濃度回歸基準線的可用胰島素敏感組織就愈少。沒錯，熱量限制可能會導致胰島素阻抗。

有一項卓越的研究，探討過去無胰島素阻抗病史或當前並未有罹患胰島素阻抗證據的肥胖者，在嚴苛且極端的熱量限制下所產生的代謝後果。受試者將他們的熱量攝入自我限制在大約一天800卡左右，而這帶來體重出現不同程度減輕的結果——減輕的體重在8～35公斤之間（你知道的，一天800卡沒有多少食物）。與體重和胰島素阻抗間的關聯性相反（註：肥胖和胰島素的關聯性很強），這種狀態下的減重，卻導致超過半數以上的受試者產生胰島素阻抗，嚴重到幾乎達到第二型糖尿病的程度！事實上，在嚴苛的熱量限制下，身體可能在幾天內就會出現明顯的胰島素阻抗。

極低熱量飲食會對身體造成壓力，這從荷爾蒙濃度的顯著變化可以清楚地看出來，當中最突出的變化，就是典型的壓力荷爾蒙——皮質醇——濃度的明顯增加。

厭食症與胰島素阻抗

厭食症是人們通過嚴苛的熱量限制，追求低到不健康的體脂肪的一種疾病。在「過多脂肪＝胰島素阻抗」這一範式中，患有厭食症的人應該會對胰島素高度敏感才對。不幸的是，情況並非如此。厭食症患者經常被發現對葡萄糖的耐受較差，而且胰島素阻抗的情況比健康的瘦子更嚴重——在這種情境下，「斷食」變成「飢餓」。

別忘了，皮質醇主要的荷爾蒙作用之一（做為我們對腎上腺素所做出戰或逃反應的一部分），就是抵銷胰島素的作用並使血糖增加 P135，但皮質醇與胰島素間的拮抗關係，遠不僅止於只是試圖增加血糖；**皮質醇實際上會使肌肉（還有其他組織）發生胰島素阻抗**。此外，**皮質醇濃度過高，還會抑制甲狀腺的機能**，這除了會使代謝率降低，還會讓胰島素阻抗的問題更加惡化──甲狀腺荷爾蒙負責維持正常胰島素訊號的傳遞，甲狀腺荷爾蒙濃度的下降會進一步讓身體朝胰島素阻抗的狀態偏移 P137。

儘管嚴苛且長期的熱量限制有這些嚇人的研究發現，但是輕度的熱量限制（包括低脂飲食在內）顯然能改善胰島素敏感性，只不過，成果有時並不顯著。舉例來說，研究人員在仔細檢查採行低脂、植物性飲食14週的過重中年女性後發現，其胰島素敏感性與食用控制組飲食的受試者沒有什麼差別。

高膳食纖維如何？

低脂、低熱量的飲食幾乎總是高膳食纖維含量（如果是透過專注在真正的食物──而非加工減肥餐──的方式來正確施行）。膳食纖維在營養萬神廟的聖殿中有著特殊的一席之地，它幾乎被一致認同是現代健康飲食中的必需品。儘管據說有許多益處，但纖維在胰島素敏感性中所扮演的角色還有待解釋。

效果有限的原因

有普遍跡象顯示纖維能改善胰島素敏感性，多項流行病學研究（即由問卷中收集資料的研究）發現，纖維的攝取與獲得改善的胰島素敏感性之間存在關聯性。然而，臨床試驗的結果卻混雜不明；要解讀那些結果，需

要在胰島素阻抗的背景下進行詳細的查核。不過,因為臨床試驗有助於建立因果關係(問卷調查較難建立因果關係),所以,我們將只會把注意力集中在那些臨床試驗上。

部分研究已經發現,當研究受試者食用高纖餐點時,葡萄糖和胰島素的濃度會比那些食用低纖維餐點的受試者低。但要再次強調:這些研究發現會根據受試者族群而不同。舉例來說,空腹胰島素濃度較高的男性(即患有胰島素阻抗的男性)在攝入高纖餐點之後,**餐後胰島素激增的幅度會比攝入低纖維餐點低**,但空腹胰島素濃度正常的男性(即胰島素敏感的男性)**餐後胰島素濃度則沒有差異**。

如果進行長期研究,獲得的結果甚至更撲朔迷離。儘管在數個星期間增加膳食纖維的做法,被證明能夠改善一群非肥胖糖尿病患者的胰島素敏感性,但對肥胖的糖尿病患者來說,攝取更多膳食纖維,對胰島素阻抗沒有效果。

碳水化合物最後吃

如果你對某些碳水化合物(例如米飯或義大利麵)有飲食上的迷戀,而且你知道自己不能沒有它們,好消息是你可以利用一個簡單的技巧減少胰島素衝擊:在用餐即將結束時再食用澱粉。

有一項研究把一頓飯拆解成主要澱粉、蛋白質和蔬菜幾個部分進行比較,結果發現,**先食用蛋白質和蔬菜之後再食用澱粉,這頓飯對血糖和胰島素的影響明顯較小。**

總體來說，這些研究雖然顯示**纖維對患有胰島素阻抗的受試者具有增加胰島素敏感性的效果**（對胰島素敏感受試者來說看不到特別的效果），但也為**這種益處可能存在限制**提供證據。

這些研究當中的一個重大缺陷之處，在於所使用的纖維種類。幾乎每一項膳食纖維試驗所使用的都是瓜爾膠形式的纖維營養補充品，這並不是會出現在大部分碳水化合物中的纖維。儘管瓜爾膠能從健康食品商店中取得，但它不是正常飲食的一部分，這表示以較多瓜爾膠形式進行的高纖飲食研究結果，不應該為了假定像是蔬菜和豆科植物等其他纖維來源也會有相同結果而被過度解讀。儘管如此，讓胰島素阻抗的人接受主要來自水果、蔬菜、豆科植物和精選穀類的高纖飲食（每天50克）六週後，胰島素敏感性會顯著改善。

問題出在哪裡？

幾乎每一項探討膳食纖維在胰島素阻抗中所扮演角色的研究都有令人遺憾的一面，那就是這些研究都是**以犧牲脂肪的代價增加纖維**——以此為前提，高纖飲食研究就是低脂飲食。如同我們很快將看到的，膳食脂肪不會對血液胰島素引發任何影響，因此，我們或者可以說：由於高纖飲食中相對缺乏的脂肪，留下了「高脂肪且高纖維飲食」是否會比「高纖維低脂肪飲食」更有效果的不解之謎。

另一個觀點是，隨著愈來愈多膳食碳水化合物，尤其是加工過的碳水化合物成為飲食的一部分，膳食纖維的重要性也不斷增加。有兩篇已發表的報告提及這種矛盾的現象：文中並未實際強調胰島素阻抗，只將重點放在葡萄糖反應上。

一項研究提供參與者三種不同類型的麵包——低纖維且低脂、高纖維

且低脂,以及高纖維且高脂。比起其他兩種麵包,低纖維且低脂的麵包會引起更為劇烈的血糖反應,而且最讓人感覺不滿足(這表示或許參與者不會願意吃更多)。兩種高纖維麵包之間的血糖反應很類似——不管脂肪含量如何,但高纖且高脂肪麵包會更讓受試者有滿足感。

可惜的是,這項研究並未評估胰島素濃度,以至於無法做出任何涉及胰島素阻抗的結論。

第二項研究提供受試者四種類型的義大利麵餐點——正常的義大利麵、添加洋車前子(纖維)的義大利麵、添加脂肪(油脂)的義大利麵,以及同時添加洋車前子和油脂的義大利麵。結果發現,只添加洋車前子,對減輕富含碳水化合物的義大利麵所帶來的胰島素或葡萄糖影響,並沒有任何作用。添加脂肪能在某種程度上降低胰島素和葡萄糖,不過,同時添加洋車前子和脂肪的餐點降低胰島素和葡萄糖的幅度最大,而且能夠帶來最大的飽足感。

我們推測,高纖飲食很有可能是單純藉由替換會引發胰島素反應的糖和澱粉,使大多數人的胰島素敏感性有所改善。重要的是,人們應該仔細檢查纖維的來源,而令人難以置信的事實是,糖是大多數纖維營養補充品中的主要成分之一。

根據纖維在水中溶解的程度,膳食纖維可被分為「水溶性」(可與水完美混合)或「非水溶性」(無法與水混合)。除了溶解度,膳食纖維也可以根據它為控制葡萄糖和胰島素所帶來好處的能力加以界定——在這一點上,水溶性纖維勝出。主要由穀類和麩皮衍生而來的非水溶性纖維,能為糞便提供體積,但能提供最佳葡萄糖與胰島素益處的,則通常來自水果和部分蔬菜(包括義大利麵實驗中的洋車前子)或特定營養補充品的可溶性纖維。

間歇性斷食或限時進食法

用餐時機是一個很重要的課題，因為大多數現代人吃東西的頻率比過去任何時候來得更高。事實上，大約三十年前，大多數成人和兒童的日常用餐間隔時間將近有5小時，然而，現在這個數字降低到大約3.5小時，而且這還不包括正餐間的零食，這在1980年代時通常不會發生。

少量多餐反而不好？

許多飲食計畫的共同主線是何時進食和進食的頻率。提出的建議五花八門；有些方法包括將用餐週期壓縮到每天吃二餐或三餐，每餐之間要有明顯的間隔，而其他方法則建議先正常進食幾天，然後完全避免進食一整天；而在另一個極端（限時進食法的對立主張），有些飲食法鼓勵「放牧（註：即少量多餐）」，一天吃六到八頓少量餐點。

當我們進餐時（尤其是特定的食物，稍後將進行討論 P196），我們的血液胰島素會上升以控制血糖濃度。由於升高的胰島素是造成胰島素阻抗發生最相關的因素之一，因此，遵循一種飲食計畫讓胰島素一整天都維持在較低的濃度，是很合情合理的。讀到這裡，你可能立刻就能猜到，**頻繁進食不能有效控制胰島素**。

當探討進食時機的資料時，兩項因素產生關聯——人們日復一日和月復一月的飲食。在較大的時間範圍內，大約每個月斷食一次（一次24小時）的患者，與那些未進行斷食的患者相比，前者出現胰島素阻抗的機率會少一半。至於在較短的時間範圍內，一天之內進食次數較少、每次餐點份量較大的情況，會比整天少吃多餐引發更大幅度的改善——我們認為，一天內進餐次數較少對胰島素平衡的益處，非常有可能只是因為**較長的用**

餐間隔時間，能讓葡萄糖和胰島素在兩餐之間維持正常的結果。因此，如果你用餐的頻率更高，胰島素濃度會在無論你吃下多少東西的情況下，每隔幾小時就增加。

如果一日三餐比一天用餐六次來得好，那麼，少於三餐豈不是最好的做法？有可能喔！

斷食的好處

斷食是指在一段時間內正常進食，伴隨著策略性的迴避食物週期，但不需要計算飲食熱量。有證據顯示，**在改善胰島素敏感性方面，斷食是有效的，但在一定程度上，這要取決於斷食如何進行。**

有兩項研究藉由讓研究受試者正常飲食一天，隔天基本上整天斷食，兩週內重複七次的方式來探討間歇性斷食，而這兩項研究結果互相矛盾：其中之一提出胰島素敏感性有所改善的報告，但另一項研究則未觀察到任何益處。與此相對的是一項近期讓接受胰島素治療的糖尿病患者進行間歇性斷食的研究，研究結果發現，經常性（一週數次）斷食24小時，在改善胰島素敏感性方面非常有效，有效到讓受試者能停止使用胰島素——這是「處方優化」（註：原指透過管理多重用藥——逐漸減少、停止或撤回藥物，使症狀改善並降低用藥風險）。事實上，對單一個人來說，這種情況**只需要五天就會發生**！替代方案是將每天進食的時間限制在特定時段，如此一來，你最後就會只吃早餐和午餐，或者只吃午餐和晚餐。在這些限時進食的研究中，會看到受試者胰島素敏感性穩固的改善。

斷食帶來的荷爾蒙變化

聽起來可能有點奇怪，但許多斷食的好處是由荷爾蒙的變化引起。當

然，胰島素濃度會隨著斷食快速下降，而胰島素的「對立面」升糖素濃度則會上升。

瞭解升糖素對真正理解斷食的威力很重要。胰島素試圖將能量留存在體內，而升糖素則想要將能量用掉——它們是同一枚代謝硬幣的兩面。升糖素想要身體透過促使脂肪細胞分享出脂肪、促使肝臟分享出葡萄糖（以肝醣形式儲存於肝臟）來釋放被儲存起來的能量。胰島素和升糖素的運作方式，是彼此拮抗以活化和抑制代謝過程（參見下方圖表），因此，這兩種荷爾蒙的平衡決定哪些代謝過程實際上會發生，而從胰島素與升糖素比例的角度來探討斷食、頻繁進食，是十分有幫助的。

想知道這種情況能發展到什麼程度，可以參閱一名病態肥胖的蘇格蘭男子的病例報告。這位仁兄開始實驗斷食，因為十分快速就體驗健康益處，讓他選擇繼續下去，最終，他在有醫療監督、確保有適當補充水和礦物質攝取的情況下進行斷食，最後斷食382天！

頻繁進食 高碳水化合物飲食	斷食 限制碳水化合物
「胰島素：升糖素」的比值高	「胰島素：升糖素」的比值低
胰島素	升糖素
・抑制「脂肪分解」 ・脂肪儲存量增加 ・抑制肝臟肝醣的利用 ・增加肝臟肝醣儲存量 ・抑制生酮作用 ・抑制自噬作用	・活化「脂肪分解」 ・抑制脂肪儲存 ・活化肝臟肝醣的使用 ・抑制肝臟儲存肝醣 ・活化生酮作用 ・活化自噬作用

是什麼讓我們感覺飢餓？

飢餓感是感知我們的胃裡是否有東西的一種功能。這個概念是食用「大團」食物（例如纖維）背後的驅動力——也就是食用能讓你飽腹、但不會增加我們攝取總熱量的食物。

然而，感覺到飢餓是一回事，空蕩蕩的消化道又是另一回事。飢餓感在某種程度上是由供應給細胞的能量（熱量形式）所驅動；若身體細胞感知到能量不足，可能會活化腦中的飢餓感受，我們就會在胃裡感覺到飢餓。若非如此，每個接受營養劑靜脈注射的人就都會覺得他們快餓死了，但這並未發生。

在探討能量或膳食中的食物主體與飢餓感更為相關時，一群研究人員發現，如果靜脈注射液中只含有葡萄糖，人們會感覺飢餓，但如果靜脈注射液中也含有一些脂肪，飢餓感便會消失。換句話說，**即使兩組受試者的胃都是空的，但如果他們的細胞感知到足夠的能量，尤其是脂肪型態的能量，身體就不會感覺需要進食，人們就會覺得心滿意足。**

相對於食物的體積，能為我們帶來更多飽足感的主要是我們從一頓餐食中取得多少能量。一旦你的細胞感到飽了，它們便不會在意有沒有東西在你的胃裡占據空間。

需要注意的事項

斷食明顯是一項強大的工具，而和任何「電動工具」一樣，你需要明智並且深思熟慮過後才使用它。**斷食和挨餓之間必須做出嚴格區分；斷食**

何時會變得有害,並沒有明確的時間,但如果做得太過分,的確可能會帶來意外的後果,而這在非常大的程度上取決於斷食者的體質、他們如何定義「斷食」(他們喝些什麼、如何進行營養補充等等),還有他們如何確保必要的礦物質攝取。

此外,人們如何結束斷食是非常重要的事。早期對長期或多日斷食的研究發現:有潛在致命後果的「再餵食症候群」,可能會在斷食結束後發生。當血液中的電解質和礦物質,例如磷和鉀的濃度變得太低時,就會發生「再餵食症候群」。值得注意的是,這種危險的變化,事實上是因為胰島素濃度突然上升得太高、太快所造成。因此,當身體在斷食期間已經不使用葡萄糖當燃料,便應避免復食時攝取過多會造成葡萄糖和胰島素飆升的加工碳水化合物,那會是結束斷食的錯誤方式。

在進食期間,我們所攝入的熱量將對胰島素產生強大的影響,這也是我們接下來的重點。

黎明現象

我們身體的無數功能(不只起床和睡眠)都有固有節律與時間安排,一些效果強大的荷爾蒙,諸如皮質醇和生長激素,也會在晝夜之間規律地漲落。胰島素自然也隨著固有的節律起伏:即使在未進食的情況之下,胰島素濃度都會在大約早晨五點半左右開始攀升,並且在大約2小時內開始下降。

這些升高的胰島素濃度代表輕微的胰島素阻抗狀態,而且重要的是,這並不只是發生在我們的睡眠遭到剝奪時,這個情況每天都會發生,甚至在我們經過一夜好眠後也是如此。這種清晨胰島素阻抗的狀態,就是所謂的「黎明現象」或「黎明效應」。

一項對照實驗測量一天三個時段（早晨、下午及晚上）飲用等量葡萄糖者的不同胰島素濃度，發現胰島素在早晨上升得最多、在傍晚時上升得最少，而身體在早晨需要更多胰島素（註：指分泌更多胰島素才能降低血糖），是會抵銷胰島素作用的荷爾蒙所造成的結果。

　　胰島素的主要作用之一，是藉由將葡萄糖推動進入肌肉和脂肪等組織來降低血糖，而在我們睡眠週期即將結束時增加的荷爾蒙——例如兒茶酚胺（catecholamine，註：腎上腺素、正腎上腺素和多巴胺都是兒茶酚胺）、生長激素、尤其是皮質醇，其作用則是使血糖增加，會強迫胰島素需要更努力地去執行它的工作職責——換言之，就是導致胰島素阻抗的發生。

　　胰島素的黎明效應意味著，在早上吃下一片吐司，會比晚上同樣吃下一片吐司時需要更多的胰島素來控制血糖。 當我們將這個觀點納入考量就會知道，在起床後所吃的東西，可能比一天當中任何其他時候吃下的東西更重要。沒有哪一餐像早餐那樣獲得如此多的關注，通常我們聽到的是早餐不應該被省略。然而，若考慮到每天早上會經歷的胰島素阻抗（黎明效應），人們可能會產生用完全省略早餐來對抗胰島素阻抗的想法。

　　那麼，研究結果怎麼說？

　　有一項研究，隨機指定52名正常狀況下會吃早餐或不吃早餐的肥胖女性，她們會在3個月內吃或省略早餐。重要的是，兩者的新飲食介入是較低的熱量且相同總卡路里數（意即不吃早餐的受試者一天只吃兩餐，但他們攝入的總卡路里數和有吃早餐的受試者是一樣的）。不出意料之外，每個人的體重都減輕一些，但那些在研究期間有吃早餐的人，體重減少得比較多。然而，一項類似的研究費時4個月，追蹤將近300名體重過重和肥胖的男性與女性吃或不吃早餐的差異，結果發現不吃早餐的人和吃早餐者在體重的減輕方面並沒有差別。

你可以發現,這些相似的研究提出的問題比它回答的問題還要多,它們並沒有告訴我們早餐對體脂肪到底是好或壞。對我來說,分辨的方法很清楚──**全都取決於你早餐吃些什麼**。

我很懷疑,一天當中還有沒有哪一餐是如此牢固地建立在食用某些最糟糕食物的基礎上。因為在全球大多數地區,早餐通常大多是糖和澱粉構成的餐點,想想果汁、早餐穀片、貝果、米飯或吐司吧──如果你平常的早餐內容正是這些食物,你不如乾脆省略吃東西這個步驟,直接給自己注射胰島素(註:諷刺你吃這些食物就像是在給自己打胰島素,讓胰島素飆升)。

限制碳水化合物

一旦認識到過多的胰島素是造成胰島素阻抗的主要推手,便能理解解決方式與其將引起的一連串連鎖效應:**攝入較少碳水化合物=降低血糖=降低血液胰島素濃度=改善胰島素敏感性**。隨著胰島素濃度降低,就會出現某種「胰島素狀態(insulinostat)」的重新設定(重新敏感化)。

脂肪中的時鐘

脂肪組織有著自己的節奏和時序安排。不像整個身體在早晨的胰島素阻抗會稍微嚴重一點,脂肪組織在早晨對胰島素比較敏感,到晚上反而最不敏感,再加上胰島素會抑制脂肪的燃燒並促進脂肪細胞的生長,所以,在早晨吃下會使胰島素飆升的餐點會比在晚上吃更容易讓身體囤積脂肪。

要真正理解我們所吃下食物的關聯性,我們需要確定每種巨量營養素對血液胰島素濃度的影響。就像你能從下方的胰島素狀態圖表中看出的:**膳食蛋白質所引發的胰島素效應很輕微**(大約是空腹胰島素濃度的2倍,不過這取決於血糖的濃度)。另一方面,**碳水化合物會引發胰島素的明顯增加**:超出正常值的10倍;飆升峰值的高度和時長的變動非常大,幅度取決於碳水化合物和人們的胰島素敏感性。至於**膳食脂肪,則根本不會引發胰島素效應**。

因此,限制使胰島素飆升的食物(碳水化合物,尤其是精製過的)並增加胰島素緩衝食物(蛋白質和脂肪,特別是未精製的)應該會是能改善胰島素敏感性的飲食。關於限制碳水化合物飲食有幾項相關主題可茲討論,包括這種飲食對胰島素阻抗的影響 P198、酮體概述 P207、體重控制 P210 及其他 P212。

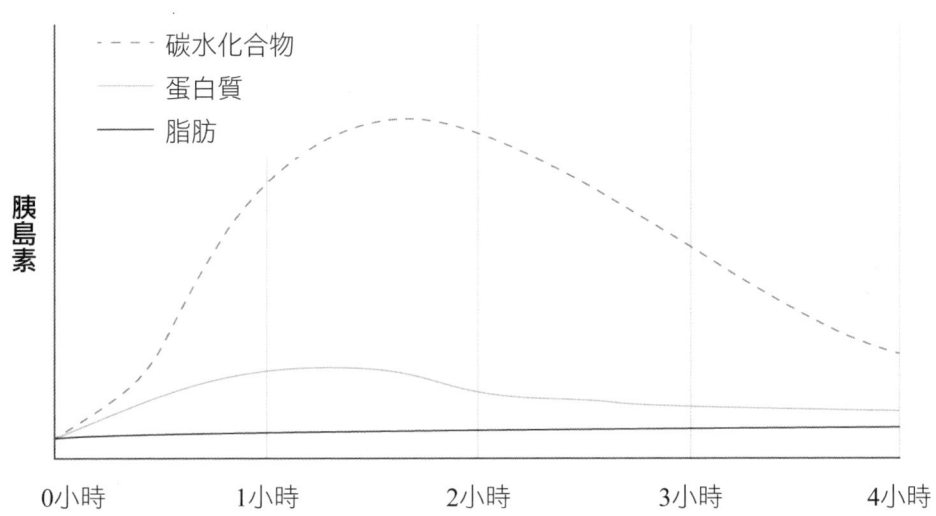

引用改編自法蘭克・納托爾(Frank Q. Nuttall)、瑪莉・甘農(Mary C. Gannon),〈非糖尿病和非胰島素型糖尿病受試者之血糖和胰島素對巨量營養素的反應〉,《糖尿病照護》,1991年,第14卷第9期,824-838頁。

蛋白質的重要角色

關於膳食蛋白質，絕大多數的共識是它會導致胰島素濃度出現明顯的飆升，但是，這在很大程度上取決於「糖質新生（gluconeogenesis）」的需求。肝臟能通過糖質新生，自然地在無法由飲食中取得足夠葡萄糖時，為身體製造葡萄糖。由於人體有糖質新生這個機制，食用碳水化合物就顯得有點多餘，雖然它們當然還是飲食中令人愉悅的部分。

當食用正常高碳水化合物飲食的人攝入蛋白質時，他們就會經歷胰島素的急遽上升；對食用碳水化合物相對較少的人來說，攝取蛋白質後胰島素會升高較少或不會升高。這些胰島素反應差異的主要原因，可能是基於是否需要進行糖質新生——當我們攝入的葡萄糖較少時，糖質新生會挺身而出彌補缺口，讓我們的血糖完美地維持正常。由於胰島素對糖質新生的抑是如此強烈，如果在吃低碳水化合物飲食時，卻因攝取蛋白質出現胰島素飆升的情況（註：有些蛋白質特別容易使胰島素升高），那將是很危險的事（註：因為胰島素會抑制糖質新生），我們會剝奪掉身體天然且固有的葡萄糖來源（註：等於是干擾身體保持正常血糖的機制）。

碳水化合物與胰島素阻抗

限制碳水化合物可能是現代首例被記錄下來、用於控制糖尿病和體重的介入手段，這種方法在十九世紀初期和中期時，在整個西歐地區普遍被

接受。至於這樣的範示為何失寵,並被目前那些主張罹患胰島素阻抗和第二型糖尿病應食用澱粉、避免脂肪的建議所取代,實在非常令人費解,但指導原則的改變非常戲劇化。

在數十年內(從二十世紀初期到中期),針對糖尿病的指導原則,從嚴格避免麵包、早餐穀片、糖等食物,同時允許食用所有肉類、蛋、起司和類似食物(根據西元1951年的《內分泌學實務》),到全然相反——鼓勵食用麵包和早餐穀片,同時阻止食用肉類、蛋等食物(根據美國心臟協會和直到最近的美國糖尿病協會的建議)。我們想對這樣的轉變做出回應:如今我們所食用的脂肪相對比五十年前來得少,照理來說,這樣的變化本應使我們更健康,然而事實上,我們所迎來的是胰島素阻抗大爆發,而這正證明了,**現代飲食方針轉移至「以碳水化合物取代脂肪」後,並沒有產生預期的成效**。

對限制碳水化合物能防止或改善胰島素阻抗這一點,從1990年代開始的臨床研究已提出令人信服的證據。確實,在比較實際上對受試者飲食進行改變的研究(介入性研究或臨床研究),而非單純詢問關於受試者飲食問題的研究(以問卷為基礎的研究)時,所獲得的共識**壓倒性地支持限制碳水化合物**。以介入手段為基礎的研究要遠勝於其他研究,是因為它們能夠明確回答諸如「哪一種飲食對改善胰島素阻抗最好?」這類的問題。

這個問題在一項研究中被提出,研究者請來數百名體重過重的中年男女,在連續兩年之間,研究受試者被指定攝取下列三種飲食之一:①熱量限制的低脂飲食;②熱量限制、脂肪含量中等的飲食,以及③無熱量限制、低碳水化合物的飲食。結果顯示,熱量未加限制的低碳水化合物飲食除了能使體重出現最大程度的減輕,也有助於降低胰島素濃度,同時能最大幅度地改善胰島素阻抗。

另一項研究採用類似的策略，實驗為期三個月。體重過重的男性與女性被分為低碳水化合物飲食組或低脂飲食組，而且兩組的熱量攝取都沒有限制。雖然低脂飲食組的胰島素濃度降低了大約15％，但低碳水化合物飲食組的受試者則觀察到胰島素濃度下降高達50％。此外，低碳水化合物飲食組的另一項胰島素阻抗指標（胰島素阻抗數值〔HOMA score〕P227）的降低幅度，則超過低脂飲食組3倍以上。

還有一項研究，追蹤參與實驗的受試者長達將近四年時間，在追蹤期間，他們堅持採行限制碳水化合物的飲食。這個研究的要旨，是比較在兩項介入手段下（含有50％碳水化合物或20％碳水化合物的飲食），對包括胰島素敏感性在內的新陳代謝改善。結果顯示，碳水化合物較低的飲食不僅在改善健康方面「明顯地更為優越」，最終還能讓將近半數的患者擺脫胰島素（也幾乎擺脫任何其他藥物）；其餘患者的日常胰島素需求，也大幅減少。

最後一項值得一提的研究，則讓患有胰島素阻抗的受試者採行相對正常的飲食（含有約60％的碳水化合物）或適度限制碳水化合物（約30％）的飲食連續三週，互換飲食法後再持續三週，結果顯示，受試者胰島素敏感性再次隨著低碳水化合物飲食而增加。

我還能繼續羅列，還有更多研究顯示出類似的結果，包含上千名患者的多變量統合分析（亦即匯集數量眾多的研究發現所進行的統計分析），都無一例外地發現：限制碳水化合物但不限制熱量的飲食，能使胰島素降低的幅度至少與低脂肪且熱量限制飲食相同，通常還能降低更多。這些證據加總起來之後是如此具備說服力，使得美國糖尿病協會更新「標準化糖尿病醫療照護」，把利用低碳水化合物飲食控制第二型糖尿病的方法納入其中。

在繼續討論下去之前，我們必須承認，支持限制碳水化合物的共同證據應該置於胰島素的背景下檢視，因此不應被視為避免所有碳水化合物的呼籲。並非所有碳水化合物都生而相同；它們是否能被視為「優質的」，應該取決於該項食物使胰島素濃度增加的程度。

碳水化合物的品質和數量

我會鼓勵你將碳水化合物看成一個「譜系」，來考量它們對葡萄糖和胰島素的影響幅度，如果你選擇的食物有「優質」碳水化合物，你吃下多少克碳水化合物就不會總是那麼重要。在決定一種碳水化合物是「優質」或「劣質」時，一項好用的工具是通過它的升糖負荷（GL）——這是預測某種特定碳水化合物食品被食用後，會讓血糖升高多少的數字；正如你現在已經知道的，血糖的增加會反過來讓你的血液胰島素濃度飆升。

升糖負荷很容易和升糖指數（GI）搞混。升糖指數只是衡量碳水化合物「有多快」被分解成血液中的葡萄糖的指標，而升糖負荷則能實際確定食物中「有多少碳水化合物」會轉變成血液中的葡萄糖。讓我們以西瓜為例，西瓜的升糖指數為72，因而被認為是「高升糖指數」，但其實它的升糖負荷非常低，只有2，這代表即使西瓜裡的碳水化合物會迅速地變成血液中的葡萄糖（根據升糖指數），但實際上西瓜的碳水化合物量很低，所以並不是太重要（根據升糖負荷）。

更清楚地來說：升糖指數的問題，在於它不能說明你吃的食物中有多少潛在的葡萄糖，但升糖負荷可以。因此，如果碳水化合物的升糖負荷很低，在攝取碳水化合物含量較高飲食的同時，仍然有機會預防或改善胰島素阻抗。當然，還是要提醒一下，瞭解升糖負荷，主要為了瞭解食物對胰島素有何影響。

升糖負荷的數值為20以上，通常會被認為是「高」的，11～19是「中等」，10以下是「低」的。這種常規區分沒什麼問題，只是要記得，**數值愈低愈好**。你想自己計算升糖負荷可能是困難的，不過有幾個線上和手機應用程式能幫你測定食用食物的升糖負荷。

高升糖負荷的食物包括含糖飲料和糖果、白義大利麵和白麵包，還有薯條及烤馬鈴薯。全麥義大利麵、糙米、地瓜，還有未額外加糖的果汁通常都會落在中等的範圍內。低升糖負荷的部分食物包括腰豆、鷹嘴豆，還有黑豆、扁豆、某些全穀類麵包，以及腰果和花生。

富含纖維的蔬菜和水果是低升糖負荷碳水化合物的好例子；高纖飲食能改善胰島素敏感性。重要的是，**對有胰島素阻抗問題的人來說，維持低升糖負荷明顯比單純的低脂飲食在改善健康方面更有效果**。

如果你的飲食是以植物和植物性產品為主，將注意力集中在食物的**升糖負荷上會變得尤其有價值**（所以請素食主義者和純素主義者仔細閱讀）。一般而言，大多數植物性食品的蛋白質和脂肪含量都較低，而且內容物大多是碳水化合物（例外是「高脂肪水果」，例如酪梨、橄欖和椰子）。儘管如此，有些植物性食品是膳食纖維的絕佳來源，膳食纖維有助於控制這些植物性食品的升糖效應。

我們許多人都聽說過植物性飲食先天上就較為健康，而且在預防疾病方面更有效果，不過，這一點並不是沒有爭議的。無論如何，**在講到胰島阻抗時，植物性飲食並非必定比較好**。「低碳水化合物」進食方法的單純性，能阻止人們食用任何使胰島素飆升的包裝零食和小點心（例如洋芋片），但這一類食品，只要它們未含有任何動物性產品，就非常容易被素食主義和純素主義飲食接受。

雖然升糖負荷有其需要考慮的層面或限制，但也提供我們一個通用且

有幫助的指南，至於事情之所以變得有點複雜，原因則在於並非每個人對碳水化合物食品都會做出相同的反應。升糖負荷是一個估計值，但每個人的個人升糖反應可能有所不同。

葡萄糖不耐

我們很容易就能接受，某些人會對某些食物會產生不良反應的觀念。我們都知道有人會因為食用之後的感受或對他們的身體與健康產生的影響，而迴避乳製品（乳糖不耐）或避開小麥（麩質不耐）。那麼，對於某些人可能對膳食中的葡萄糖產生負面反應，你還會感到很不可思議嗎？

我們當中有些人對葡萄糖的耐受性較差，是由一個相當簡單的實驗所揭露：人們飲用葡萄糖溶液，而我們量測它對血糖和胰島素產生的作用。即使這些人的空腹葡萄糖濃度差不多，攝入的葡萄糖對血糖的影響程度卻可能會有很大的差異，包括血糖濃度升高幅度會超過其他人的兩倍。重要的是，這些人的胰島素濃度同樣也會升高。這就是所謂的葡萄糖不耐，有些人的身體就是必須更努力運作，才能將葡萄糖從血液中移出並移入、身體的細胞內。

你可能已經懷疑，胰島素是決定為何某些人對葡萄糖的反應比其他人更為強烈的關鍵因素，你是對的。我們知道，如果脂肪細胞變得對胰島素產生抗性（通常是第一種「淪陷」的細胞，就像我們在第11章所描述的那樣 P143），葡萄糖不耐很快就會隨之而來。

如果人們有葡萄糖不耐，你會預期他們對膳食葡萄糖含量較低的飲食反應會比較好——證據也支持這個觀點。

一項研究嘗試嚴謹地比較四種著名飲食法——阿金飲食法（～30％碳水化合物）、歐寧胥飲食法（～60％碳水化合物）、學習型飲食法（～

50％碳水化合物，註：這種飲食法遵照美國農業部的飲食金字塔，一樣偏高碳水化合物和低脂）及區域飲食法（～40％碳水化合物）發生的新陳代謝改善狀況，並在西元2007年發表結果。由於包含了多種飲食法，這項研究被稱為「A到Z研究」。

這些研究人員在2013年進行了一項後續研究，探討胰島素敏感性高低在多大程度上影響人體對碳水化合物最少（阿金飲食法）和碳水化合物最多（歐寧胥飲食法）飲食的反應。有趣的是，**無論胰島素敏感性如何，所有受試者在採行碳水化合物含量最低的飲食法時**，體重都有所減輕；另一方面，**只有對胰島素敏感的受試者（對葡萄糖耐受度最高）**——而非有胰島素阻抗的人（葡萄糖耐受度最低）——才會在採行碳水化合物含量最高的飲食法中體重減輕。

腸道細菌和升糖負荷

腸道細菌的差異，可以解釋一部分人如何能輕易地利用碳水化物，而其他人卻不能。你猜想的沒錯——無數位於你的腸道內、幫助你消化食物的細菌，很可能是決定你對富含碳水化合物的餐點會產生多劇烈的葡萄糖反應和胰島素反應最重要的因素。

魏茲曼科學研究院的科學家們發現，**人們的腸道細菌會決定食物的升糖負荷高低**，雖然有些人對像是冰淇淋等食物的反應相當輕微，但其他人對像是小麥麵包等常見的食品會出現劇烈的升糖反應。

飽和脂肪和多元不飽和脂肪

低碳水化合物飲食通常（但不見得總是）含有大量動物性脂肪和蛋白質。許多人避免食用動物性脂肪的理由，是出自於對飽和脂肪的恐懼——「飽和脂肪會阻塞你的細胞，還會阻撓胰島素發揮功能」是常見的口號，但這個觀點有幾個科學上的問題。

首先，動物性脂肪從來都不完全是飽和脂肪。動物性脂肪是廣泛包含了飽和脂肪、單元不飽和脂肪和多元不飽和脂肪的混合物。

其次，胰島素敏感的運動員，他們的肌肉也和肥胖、有胰島素阻抗人們的肌肉一樣「充滿脂肪」。

無論如何，脂肪確實很重要，不過不是你想的那種重要。重要性可能最高的脂肪，是一種被稱為神經醯胺的脂肪類型，但這不是你要擔心會出現在飲食中的脂肪，它是在你的細胞內生成的。

如同之前討論過的 P153，神經醯胺是通過發炎反應的活化而生成；程序一旦啟動，細胞就會將無害的飽和脂肪轉換成神經醯胺，接著神經醯胺會使細胞對胰島素的敏感性減弱。重要的是，**採行限制碳水化合物、自由攝入脂肪飲食的人，他們組織中的神經醯胺濃度並未增加**；同樣重要的是，**採行高脂肪飲食的人，血液中的飽和脂肪沒有增加**。

在一項研究中，儘管食用的飽和脂肪比低脂飲食組多出3倍，但低碳水化合物飲食組不但空腹胰島素濃度下降的幅度要大得更多，而且血液中飽和脂肪減少的程度，更是比低脂飲食組高2～3倍！事實上，**比起添加不飽和脂肪（例如橄欖油），在餐點中添加飽和脂肪（例如豬油）反而能讓血脂減少到較低的程度**。

迴避飽和脂肪帶來的危險之一，就是我們用來代替它的東西，對飽和脂肪的集體恐懼，讓我們接納以工業化方式由種籽中取得的多元不飽和脂

肪。值得注意的是,將飽和脂肪(例如豬油、牛油、動物性油脂等等)替換成多元不飽和脂肪(例如大豆油、玉米油、菜籽油、紅花籽油等等),實際上可能會造成更多危害。然而,這些發現並不適用於所有的種籽類;來自亞麻籽的多元不飽和脂肪(次亞麻油酸〔α-linolenic acid〕)能改善胰島素阻抗。

氧化壓力與發炎反應

其他使胰島素阻抗發生的機制,例如氧化壓力和發炎反應,也會隨著低碳水化合物飲食而獲得改善。因此,我們可以說,限制碳水化合物能解決好幾個導致胰島素阻抗的明顯原因,而且還是影響力最大的那幾個。然而,避開會讓胰島素飆升的碳水化合物,還有其他有助於改善胰島素敏感性的效果。

第十二章已經討論過氧化壓力和發炎反應如何導致胰島素阻抗,在此我想簡短地重點提示一下,雖然氧化壓力和發炎反應是兩種導致胰島素阻抗的不同原因,但它們都會受到同一種能有效、直接降低胰島素濃度飲食改變的影響——那就是低碳水化合物、高脂肪的飲食。這種飲食對抗氧化壓力和發炎反應的保護效應,一部分可能只是因為避開存在於看似無害食物裡的無數化學物質,而大部分益處可能來自血液中一種叫做「酮體」的有趣分子。已經有充分的研究發現,酮體會引發強效的抗氧化物和抗發炎效應。

確定限制碳水化合物的飲食在改善胰島素阻抗方面的效用後,我們其實才只看到支持這種飲食對健康有益眾多證據的一部分,主要是因為胰島素阻抗在多種慢性疾病的發病過程中非常普遍,過去數十年來,已有無數研究探討低碳水化合物飲食在治療各種疾病方面所起的作用。

生酮飲食

　　由於對體內營養素新陳代謝所帶來的影響,「極低」碳水化合物飲食偶爾會被稱為「生酮飲食」。更具體的來說,這飲食法會增加生酮作用（ketogenesis）——這是肝臟製造酮體時的狀態,酮體是足以當作能量使用的一種營養素,由肝臟分解脂肪時所產生的分子形成（這種狀態稱為酮症〔ketosis〕）。

　　每個人都有酮體；在胰島素濃度低（或完全缺席,例如第一型糖尿病的情況）的任何時候,我們都會製造酮體。在低胰島素濃度的情況下,身體在很大程度上會變得依賴燃燒脂肪取得能量,而非葡萄糖,這通常可能會在斷食一段時間後（例如18～24小時）或飲食限制碳水化合物的情況下發生。隨著脂肪持續燃燒,肝臟會將部分脂肪轉化為酮體。基本上,酮體是身體許多不同部位、尤其是大腦的備用燃料。

　　由於過去科學家們未發現它們的任何作用,因此酮體曾被認為是「代謝廢物」。啊,時代變了！酮體不僅被認為幾乎是<u>每個細胞（包括大腦和肌肉在內）可用的燃料來源</u>,而且它們也是具多重有益影響的<u>重要訊息傳遞分子</u>。

　　<u>酮體部分已知的益處包括使細胞內的粒線體（脂肪被分解的地方）數量增加、降低氧化壓力,還有控制發炎反應</u>。在某些包括昆蟲和小鼠的動物案例中,酮體甚至能讓壽命延長；雖然這一點在人類身上還沒有證據。我自己的實驗室所進行的研究發現,酮體能促進健康的 β 細胞與肌肉細胞的粒線體功能。

　　酮體為體內能量（熱量）的計算提供一個有趣的選項：<u>酮症的狀態讓能量就這樣從身體中浪費掉,而不是被儲存起來或用掉</u>。儘管酮體可以、

也確實被身體當成能量使用，但它們也會透過尿液和呼吸排出體外。這是獨屬於酮體的特點；這些「能量碎片」（註：即酮體）在提供一種新穎的「旁路」時，也讓所有的熱量都能被計算在內（註：指身體所能利用的熱量，也包含了酮體所提供的熱量在內）。我們確實以酮體的形式將能量分子（也就是營養素）排出體外，每個酮體分子大約相當於4大卡。

重要的是，<u>胰島素是生酮作用的強力抑制物</u>。如果胰島素濃度高，生酮作用就會停止；如果胰島素濃度低，生酮作用就會發生。因此，任何讓胰島素一直維持在低濃度的飲食，便能正確無誤地被認為是生酮飲食。

我認為有必要區分高脂肪飲食和生酮飲食。根據研究，高脂肪飲食可能是單純增加脂肪含量，而沒有採取任何干預措施來降低碳水化合物的攝取量，因此，採行這種含糊不清飲食法的人，非常有可能會有同樣來自典型碳水化合物攝取量所造成的胰島素飆升影響，再加上從過多脂肪而來的多餘熱量——這絕對是不健康的！相對來說，<u>生酮飲食將碳水化合物替換成膳食脂肪，因為膳食脂肪對胰島素基本上沒有影響，這樣轉換的結果就是使胰島素維持在低濃度</u>，因此酮體濃度會高於正常的標準。

生酮作用vs酮酸血症

一般的飲食能為典型美國人提供的血液酮體濃度，低於最常用檢測方法所能測得的範圍（註：指用這些檢測方法測不到）。在採行低碳水化合物飲食時，上述酮體的濃度會增加大約10倍（血液酮體濃度來到大約1～2毫莫耳／公升）。當酮體濃度增加到高於「正常」，但未對血液酸鹼值造成任何影響時，這種狀態稱為生酮作用。然而，酮體濃度變得太高時可能會影響酸鹼值；當酮體濃度來到有生酮作用的10倍以上時（達到約10～20毫莫耳／公升），血液就會變成酸性。

第二個10倍的變化,是生酮作用和酮酸血症(Ketoacidosis)間的分界線。大部分人對生酮作用和生酮飲食的觀念都是負面的,這是由於他們從關於酮體和第一型糖尿病中所獲知的資訊。如果給予第一型糖尿病患者的胰島素劑量不足,毫無疑問會發生酮酸血症,這可能會致命(而且並不只是酮體濃度非常高的原因)。但無論如何,**胰臟正常發揮功能的人會有足夠的胰島素生成來防止酮酸血症發生,即使在斷食時也是。**

酮體的營養補充

對酮體日漸增加的推崇,促使酮體營養補充品的出現。因為它們是如此新穎,關於外源性酮體對胰島素控制所造成影響的瞭解,目前尚在萌芽期,但無論如何,初期的證據是正面的。

科學家對一群健康的男性與女性進行測試,他們提供受試者含有酮體的飲料,隨後很快進行「口服葡萄糖耐量試驗」(意即給予受試者葡萄糖溶液)。透過測量血糖和胰島素的濃度,研究小組發現,**飲用酮體飲料之**

	標準飲食	生酮作用	酮酸血症
飲食	經常高碳水化合物飲食	不常進食 經常食低碳水化合物飲食	未加以治療的第一型糖尿病
酮體	可忽略不計 無法檢測	有意義的 0.3～6毫莫耳／公升	危險 ＞15毫莫耳／公升以上
血液酸鹼度	正常	正常	酸性

後，受試者能更快地將葡萄糖從血液中清除。當中有趣且會讓人聯想到酮體的胰島素增敏效應的就是，這是在胰島素濃度沒有進一步升高的情況下發生的：整個研究小組中，研究參與者的胰島素濃度都是相近的，只是胰島素運作得更好了。

如果你對酮體營養補充品感興趣，請記住：**即使它們會帶來益處，但飲用酮體是不太可能對胰島素阻抗有所助益**（註：酮體帶來的胰島素增敏感效益是在胰島素濃度維持平穩的情況下發生的，所以當胰島素濃度持續偏高時，補充酮體營養補充品並無法帶來幫助）。說到底，我們關心的還是胰島素。在胰島素阻抗的背景下，酮體之所以有用，在於它們是胰島素濃度的反向指標——它們只是讓我們知道，我們在控制胰島素方面表現如何。為了要改善胰島素阻抗，還有隨它而來的所有問題，**我們不會像追求低胰島素那樣追求高酮體濃度**。

很少有人會透過胰島素阻抗的觀點看待自己食用的食物，「這會為我的胰島素帶來什麼影響？」往往不是人們關心的問題，人們絕大多數問自己的問題會是「這會對我的體重造成什麼影響」。我們吃的食物，毫無疑問是很重要的，**份量和種類都是**。儘管熱量數值可能很重要，但熱量的種類也同樣重要，因為熱量的種類——無論是來自脂肪、蛋白質或碳水化合物——能透過荷爾蒙告知身體該如何利用這些熱量。

體重控制

控制胰島素帶來的代謝益處，至少有一部分是代謝率發生明顯變化的結果。這並不是近期的發現，兩位上一個世紀最偉大的科學家首先發現**胰島素會抑制代謝率**的能力——因內分泌學及新陳代謝方面的研究而聲名卓

著的艾略特・喬斯林（Elliot P. Joslin）和法蘭西斯・班乃迪克（Francis G. Benedict）於西元1912年分別注意到，未經過治療的胰島素缺乏型糖尿病患者的代謝率，比體重相仿、胰島素正常的受試者高出約15%。同樣的狀況，也能在以胰島素治療的第二型糖尿病患者身上看見：胰島素會減緩他們的代謝率。

為了瞭解胰島素如何影響代謝率，讓我們再次探訪棕色脂肪組織。在上一章中，我們重點提示棕色脂肪組織如何幫助我們燃燒脂肪 P180。限制碳水化合物的代謝益處並不限於控制胰島素，雖然胰島素會抑制棕色脂肪，但酮體卻能活化它們。因為這樣的組合，在考慮熱量平衡的情況下，**能控制胰島素的限制碳水化合物飲食，會比傳統飲食為新陳代謝提供更多的「轉圜餘地」**，就一點也不令人意外。這可能是堅持採行不限制熱量但低碳水化合物飲食的人，能比遵循傳統限制熱量但低脂飲食的人減去更多脂肪的原因——即使在可能明顯吃進更多熱量的情況下也是如此。

這種情況最好的例子，是一項讓肥胖和體重過重的受試者在四種飲食法間輪換的研究，這四種飲食法的區別在於脂肪和碳水化合物的組成，但熱量是完全相等的。結果發現，受試者的代謝率（透過靜態能量消耗量的測量），在採行脂肪量最低的飲食法期間最低，並隨著脂肪含量的增加和碳水化合物含量的減少而在四種飲食法中穩定地增高。到最後，當採行低碳水化合物、高脂肪飲食法時，受試者的每日代謝率比同一批受試者遵循低脂、高碳水化合物飲食法時高出大約80大卡。

最近，由美國國家衛生院和哈佛大學所進行的相關研究也發現同樣的現象：在生酮作用發生時，每日代謝率會增加大約100～300大卡。在哈佛大學的研究中，實驗參與者被分成三組：高碳水化合物（60%碳水化合物，20%脂肪）、中等碳水化合物（40%碳水化合物，40%脂肪），以及

低碳水化合物（20%碳水化合物，60%脂肪）。此外，這項研究還使用非常尖端的技術來測量代謝率——以下是詳細說明：

傳統上，當研究人員測量代謝率時，會讓受試者躺在頭盔狀的設備下（間接熱量量測法〔indirect calorimetry〕），或者受試者會花時間待在可能引發幽閉恐懼症的小房間裡（直接測熱法）；兩種方法都有明顯的問題，因為在真實生活中，人們不會那樣限制自己的活動。然而，由大衛‧路德維希博士所領導的哈佛研究，利用了一種叫做「雙標示水」的技術，這是一種用來決定代謝率相對新穎且非常聰明的方法，這個方法通過給受試者喝下一種類型獨特的「標示」水，讓他們能如常生活；研究人員量測的是身體使用這種水的速率（這是由代謝率驅動）。

結果發現，代謝率的變化與碳水化合物的攝入成反比；**食用碳水化合物比例最高的實驗組，代謝率是最低的，而食用碳水化合物比例最低的實驗組，代謝率則是最高的**。事實上，實驗開始時，在碳水化合物攝入量較低的情況下，空腹胰島素濃度最高的受試者會體驗到最大程度的代謝率增加（這個實驗組的血液三酸甘油酯下降幅度和高密度脂蛋白膽固醇上升幅度，也是最大的）。

控制碳水化合物的其他益處

我們探討過眾多與胰島素阻抗相關的疾病和機能失調，若胰島素阻抗導致這些疾病，而控制胰島素是對付胰島素阻抗如此有效的策略，那麼，一種能降低胰島素的限制碳水化合物飲食法，應該能顯著改善那些與胰島素阻抗相關的疾病，對吧？研究人員已經探討過這個問題，讓我們很快地看一下。

心臟疾病

血液膽固醇

請別忘了，低密度脂蛋白A型（尺寸較大、更具浮力的顆粒）比低密度脂蛋白B型（尺寸較小，更密實的顆粒）造成的問題和致病性更小。和我們長久以來的認知矛盾的是，**食用更多脂肪會促使低密度脂蛋白「更像A型」**。一項研究讓20名男性連續6週採行傳統高碳水化合物飲食或低碳水化合物飲食，結果不僅胰島素濃度明顯下降，而且平均來說，採行限制碳水化合物飲食的受試者低密度脂蛋白的尺寸都發生增加的情形。重要的是，甚至那些被認為是B型的受試者，都明顯地因為低密度脂蛋白顆粒尺寸的增加而變得更像A型。第二項研究採取幾乎完全相同的飲食干預手段，不過追蹤超過100名受試者連續6個月，也發現類似的結果。

問題來了，若將食用脂肪和膽固醇作為低碳水化合物飲食法的主要部分，並不會讓低密度脂蛋白變得更密實（B型），那會是什麼原因呢？

雖然很少被明確陳述，但貫穿這些研究的主題是，**採行能讓胰島素維持在低濃度的飲食法會引發正面的血脂變化**——別忘了，胰島素會驅使低密度脂蛋白顆粒往小而密實的方向變化（B型）。確實，平均來說，當與年齡和體重相近的胰島素敏感者相比時，胰島素阻抗最嚴重的人，其體內小而密實的低密度脂蛋白量是前者的2倍以上。

總而言之，高脂肪飲食提出一個很奇妙的悖論（看起來是

錯的，但可能反而是正確的理論）──**食用更多脂肪會帶來正面的血脂變化。**

血壓

有些傳統主義者主張高脂肪飲食會促使高血壓發生，但證據顯示的實情卻截然相反。在一項研究中，受試者被分成四種飲食組別，四組的脂肪對比於碳水化合物的攝取量都不相同。**高脂肪飲食組除了有最大程度的三酸甘油酯下降及高密度脂蛋白膽固醇增加之外，血壓的降幅也是所有組別中最大的**，是低脂飲食組的4倍。

生殖健康

多囊性卵巢症候群

在一項探討飲食與多囊性卵巢症候群的研究中，5名患有多囊性卵巢症候群的女性（體重只有稍微過重）在24週內採行低碳水化合物的飲食。

值得注意的是，這些女性體內游離睪固酮的量下降將近25％，這可能是胰島素濃度降低一半的結果（胰島素會刺激卵巢生成睪固酮）。全部的女性在所有自我回報項目中都提到症狀有所改善，包括情感健康、多餘的體毛、體重、不孕症，還有月經經期。

毫無疑問，令她們欣喜若狂的是，5名女性中有2名，雖然屢次在生育治療中失敗，卻在此項研究期間懷孕了。

睪固酮低下

為了正常的生殖健康，男性需要的睪固酮濃度比女性高。不幸的是，我們遵循了數十年的低脂減重飲食已經傷害到生殖健康：低脂飲食會明顯使睪固酮減少。根據該項研究作者的說法，解決方法很簡單：讓男性食用更多脂肪。

神經系統健康

阿茲海默症

如同第四章提過的，數項透過大鼠進行的研究已經發現，高糖飲食會使大腦功能受損。

此外，一項針對老年人的研究發現，那些最為偏好碳水化合物的人不僅食用更多碳水化合物，也最有可能出現最嚴重的神經系統症狀，包括最嚴重的認知障礙、記憶缺損、運動問題，還有疏離（註：指在社交方面的退縮）。遵循低碳水化合物、高脂肪飲食的阿茲海默症或輕度認知障礙患者，在認知功能方面顯示有所改善。不過，值得注意的是，大腦實際上並沒有使用那些脂肪（註：大腦不是直接使用你吃的脂肪，而是使用酮體）。當我們將脂肪當作主要的巨量營養素攝入時，肝臟所代謝的脂肪會比自身所需要的多更多，這些額外代謝的脂肪就會變成酮體。在這份研究中，酮體增加最多的人有最大的改善。

另一項研究，則是在10位受試者身上探討這種類似的膳食效應，所有受試者都患有不同程度的阿茲海默症相關認知衰退（事實上，因為疾病的關係，有好幾個人不是辭去工作，就是

得在職場上忍受痛苦）。研究過程中，他們吃低碳水化合物、高脂肪的飲食，每晚斷食12個小時（讓生酮作用增加），同時服用椰子油（椰子油比其他脂肪更能產生酮體）。結果所有人的認知功能都獲得改善，而且能夠重回工作崗位或工作表現有所提升。甚至在將近3年之後進行追蹤的時候，發現益處仍然持續存在。

事實上，**一旦可以取得酮體，大腦就會開始轉而使用酮體作燃料**；這一點可能是大腦更偏愛使用酮體更勝於葡萄糖的證據，原因之一可能是：在某種程度上，**大腦吸收酮體並不需要像吸收葡萄糖一樣依靠胰島素**。因此，如果人們患有胰島素阻抗，那麼至少有可能他們的大腦已經變得對胰島素產生抗性，而且吸收的葡萄糖較少。

帕金森氏症

針對高脂肪、低碳水化合物對帕金森氏症患者益處的人類實驗很少。一項小型研究讓參與者採行生酮飲食一個月，之後每名受試者都回報病狀出現「中等」到「非常好」的改善。一項關於帕金森氏症大鼠實驗模型的研究則發現，酮體對必要的神經細胞（例如多巴胺神經元）具高度保護作用，這是因為酮體能提升抵抗氧化壓力的防護能力。

偏頭痛

支持生酮飲食在偏頭痛治療中發揮作用的有限證據，幾乎都是研究中的事後諸葛，但這不是新鮮事。值得注意的是，發

表於1928年的報告和1930年另一篇更大規模的報告都表示，偏頭痛會隨著限制碳水化合物、高脂肪的飲食而有所改善。

此外，一項研究記述一對姊妹為了減重而採行限制碳水化合物、高脂肪的飲食，兩人都回報經常被嚴重的偏頭痛所苦。在這對姊妹堅持上述飲食的同時，偏頭痛的問題解決了；當這對姊妹停止這種飲食，偏頭痛再次復發。另一項研究顯示，<u>經歷偏頭痛的胰島素阻抗患者（別忘了，你可能不知道你患有胰島素阻抗）</u>，單純藉由限制膳食中的糖，就可能體驗到偏頭痛發作頻率和嚴重程度獲得75%的改善。

胃灼熱

我最常從採行限制碳水化合物、高脂肪飲食法的人們那裡聽到他們獲得的益處之一，就是胃灼熱幾乎立即出現逆轉，胃灼熱是胃食道逆流 P102 最常見的症狀。在採行低碳水化合物、高脂肪飲食時，研究參與者回報胃灼熱發作的頻率下降一半。另一項研究詳盡記述五件病例報告，這些報告中所有遵循上述飲食的患者，胃灼熱都出現重大改善。事實上，由於研究報告中規律地重複「開始低碳水化合物飲食後，症狀在一天之內消失」這句話，我們不用想就知道結論為何了，雖然「預料之中」導致報告讀起來讓人覺得有點無聊，但對那些經常遭受胃灼熱之苦的人來說，這卻是一個令人興奮的故事！

皮膚

很少有研究嘗試證實限制碳水化合物的飲食在治療皮膚疾

病方面的益處,但有一些研究確實顯示限制碳水化合物飲食對黑棘皮症、痤瘡,可能還有像是牛皮癬等發炎性皮膚疾病有正面益處。

老化

2004年,一篇備受矚目的科學論文做出「控制內分泌能減緩老化」的結論。因此,能讓胰島素保持在低濃度的飲食法被認為值得進行探索。

從昆蟲和齧齒類動物所得到的證據十分明確:在增加脂肪的同時限制碳水化合物,能讓壽命延長,有效地使老化過程減慢,讓身體的幾個方面維持「年輕」,包括維持肌肉、降低脂肪、改善血脂、削減胰島素和瘦體素的濃度,還有改善大腦功能。歸根結柢,這些可能就是壽命最長的家族往往對胰島素最為敏感的原因之一。

/ / / / / / / / / / /

本章的篇幅反映了它的相關性:在講到胰島素阻抗時,我們所吃的食物可能比其他任何事都重要。我們的運動和進食模式會在很大程度上導致或治癒胰島素阻抗;當然,儘管運動和進食模式的威力強大,它們也是令人不舒服、並需要做出重大改變的,而這可能就是它們為什麼沒有更常被人們考慮的原因,也是為什麼一些更簡單、但效果較差的選擇總是有一席之地。

16 藥物和手術的介入

現在你可能會問,「我就不能吃藥來解決這個問題嗎?」這個嘛,當然可以。基於胰島素阻抗盛行的情況和複雜性,紛紛湧現的無數藥物和手術干預手段或許並不足為奇。事實上,開立藥物是胰島素阻抗最常見的治療方法。這些干預手段確實能在一定程度上改善症狀,但它們通常沒有辦法處理胰島素阻抗的根本原因。

治療胰島素阻抗的常見藥物

令人感到遺憾但能理解的是,大部分醫師的首選推薦是藥物。在與患者互動交流前,醫事保健人員會花費無數小時修習藥理學和藥物機制,但可能只會有寥寥數小時貢獻給關於生活方式的學習,甚至有許多患者寧可服用藥物治療症狀,而不願意付出更大努力改變飲食習慣和運動習慣⋯⋯然而,在大多數案例中,生活方式的改變其實能徹底矯正胰島素阻抗。

儘管如此,可取得的藥物選項還是值得瞭解。以下表格概略描述主要的藥物選項、它們如何起作用,還有可能的風險。我也根據藥物的治療效果與副作用的比較,為每種治療方法以字母為代表進行評分。如果光靠飲食和運動對你起不了什麼作用,你和醫師可能會需要討論藥物治療。

這是什麼？	它有什麼作用？	藥物如何發揮作用？	有什麼缺點？	分級
列淨類藥物 Gliflozin drugs ・福適家錠 　（Farxiga） ・恩排糖 　（Jardiance） ・Invokana ・Suglat ・Deberza ・其他研發中藥物	這一類藥物能透過「過濾葡萄糖使之進入尿液中」來降低血糖 P104，而血糖降低通常會使血液胰島素濃度降低。這或許能幫助體重減輕和血壓的改善。	所有血糖都會在腎臟過濾；然後，葡萄糖通常都會被重新吸收進入血液之中。但當血糖濃度達不到健康水準時（例如伴隨出現糖尿病時），腎臟會無法重新吸收全部的葡萄糖，反而會將它從血液中移除並透過尿液排出，列淨類藥物就是藉由阻斷腎臟將葡萄糖移回血液中的能力，有效地讓葡萄糖隨著尿液排出。	尿液製造量增加，脫水的風險也會跟著增加。 尿液中的葡萄糖會餵養細菌，增加泌尿道感染的風險。有限的證據顯示，膀胱癌的風險會增加──需要進行更多研究來確認。	C
胰島素增敏劑類藥物 Thiazolidinedione/ glitazone（即TZD類藥物） ・愛妥糖錠 　（Actos） ・梵蒂雅膜衣錠 　（Avandia） ・Duvie ・Rezulin	透過讓脂肪細胞分裂，而得以將更多葡萄糖（和脂肪）推送進入更多脂肪細胞中，藉此降低血糖。 這些藥物雖然對降低血糖很有效，但胰島素濃度可能不會改變太多。這類藥物是透過增加使用胰島素的脂肪細胞的量，藉以提升胰島素的效能。	脂肪細胞是吸收葡萄糖時需要胰島素的許多細胞之一，而胰島素阻抗會妨礙這種作用。藉由讓身體生長出更多脂肪細胞（過度增生），從血液中將葡萄糖拉出來的細胞數目就會增加。	這些藥物幾乎總是會讓體脂肪增加。從整個身體的觀點來看，這不是一筆好交易──變胖並不是解決胰島素阻抗理想的方法。不過，這類藥物能降低血糖。	B

這是什麼？	它有什麼作用？	藥物如何發揮作用？	有什麼缺點？	分級
硫醯基尿素類藥物 Sulfonylurea drugs ・利糖妥錠（Glucotrol） ・Micronase ・美爾胰膜衣錠（Amaryl） ・愛糖降膜衣錠（Glimiprime） ・其他	這些藥物能人為地讓胰島素增加。透過讓胰島素增加，並且藉此加強已經存在的高胰島素血症，患者的血糖濃度便能達到正常水準。這類藥物在治療某些神經性疾病上可能也有幫助。	一旦患者被診斷出明顯的第二型糖尿病，胰島素阻抗就已經十分嚴重，胰臟無法製造出足夠控制血糖的胰島素（雖然它仍在製造大量胰島素）。這些藥物能人為讓胰島素的生成。	這類藥物有許多副作用，包括增加發生心血管狀況的風險、腹痛，還有頭痛。此外，患者的體脂肪通常會大量增加。	F
泌樂寬 Metformin ・庫魯化錠（Glucophage）	這些藥物能直接改善肌肉和肝臟（可能還有其他器官）的胰島素敏感性，有效地降低血糖和血液胰島素，故被用來治療第二型糖尿病和基本上任何由胰島素阻抗引起的疾病，尤其是多囊性卵巢症候群和非酒精性脂肪肝。	這些藥物的作用方式是明確地幫助特定細胞對胰島素更敏感：增加肌肉的胰島素敏感性，它們在對胰島素做出反應時，就更容易消耗葡萄糖，促使血糖濃度下降；肝臟細胞的胰島素敏感性若提升，就能減少肝臟釋放進入血液中的葡萄糖。	有輕微副作用；可能會出現刺激腸胃道、腹瀉、反胃等等情況。	A
阿斯匹靈	抗發炎的效果能改善胰島素敏感性。被用來治療發炎、降低胰島素阻抗的風險，還有用於第二型糖尿病與動脈粥狀硬化的情況。	發炎反應是造成胰島素阻抗的原因。	研究中所使用的是高劑量（每天4～10克），而使用最低劑量進行的研究則獲得模稜兩可的結果。主要副作用發生在腸道，包括脹氣、潰瘍和出血。	B+

減肥手術和胰島素阻抗

　　自1950年代起至今，減肥手術已經演進到包含了數種特殊的外科手術，這些手術能讓人們的體重明顯下降，並且能改善包括胰島素敏感性在內的幾乎所有代謝參數。

　　然而，這種手術的適用對象至少會被歸類為「肥胖」，而且通常是肥胖並伴隨著像是胰島素阻抗等併發症的人。這些手術全都會縮減胃部的尺寸（稱為「限制型手術」），不過，有一部分也會進一步讓腸結構發生改變（即「吸收不良型手術」）。

　　在繼續深入探討之前，大家必須要瞭解到，**所有的減肥手術會頻繁產生從輕微到潛在的嚴重副作用**，近半數的患者，會在六個月內的某個時刻起受到影響。除了生理方面的嚴重腹瀉、感染、疝氣、維他命匱乏及更多副作用之外，人們還可能會發生像是自殘和憂鬱等心理方面的併發症。這些外科手術涉及移除完全健康的器官，顯示出我們孤注一擲只為控制代謝功能的困境。

　　隨著減肥手術而來的體重與胰島素阻抗改善非常顯著。不幸的是，**很多手術都是不可逆的，但體重和胰島素敏感性卻可能會故態復萌**。所有患者中，有大約25％的體重會在手術後恢復，而隨著體重的恢復，胰島素和其他病症也跟著回歸。某些特徵，例如憂鬱或成癮行為的證據，往往可以預測一個人是否更有可能回到術前的體重。

　　下列表格重點提示三種最常見的減肥手術類型、它們如何發揮作用，還有伴隨手術而來的風險。如果你正在為肥胖症所苦，而且你相信自己可能因手術獲益，那麼，你應該與醫生談談關於自己是否具備接受手術資格的問題。

這是什麼？	它有什麼作用？	手術如何發揮作用？	有什麼缺點？
胃繞道手術（又稱為Y型空腸吻合胃繞道術〔Roux-en-Y gastric bypass〕）	所有減肥手術中，被認為是能為胰島素敏感性帶來最大改善且可以減去最多體重的手術，幾乎能立刻治癒胰島素阻抗和第二型糖尿病（大約一週的時間）。這些迅速的改善會出現在明顯的體重減輕之前，顯示體脂肪和胰島素阻抗並不總是互相有關聯的。	利用手術在胃部上端製造出一個小囊，小腸較遠端的部分會直接和這個小囊相連，繞過大部分的胃和腸道前段（即十二指腸）。這會形成限制進食（患者只能夠處理非常少量的食物）以及吸收不良（腸道消化和吸收食物的能力很差）的狀態。歸根結柢，限制大量食物可能是胃繞道手術所帶來最明顯的益處。	所有減肥手術的生理副作用包括；嚴重腹瀉、感染、疝氣、維他命匱乏及更多；心理併發症包括抑鬱和自殘。有25%的患者體重會在手術後隨之恢復，而在體重恢復的同時，胰島素阻抗和其他病症也隨之回歸。
可調控式胃束帶手術	透過在很大程度上限制患者一次能吃下的食物量，以改善胰島素敏感性。	在胃的上半部放置一條可調節的束帶，根據需要使形成的小囊縮小。然而，小囊的尺寸無法達到胃繞道手術的極小體積。除此之外，除了小囊，胃的其餘部分還有整個腸道仍然是相連的。因此，攝入人體的食物還是全部都會被正常消化和吸收。	副作用的可能性最低，但胰島素敏感性和體重減輕幅度的改善最小。一旦移除束帶，體重和代謝問題很可能會故態復萌。
袖狀胃切除術	胃繞道手術的溫和版，但它對胰島素敏感性有明顯而且非常接近胃繞道手術的影響。	利用手術將胃部的極大部分（大約是75%）切除，剩餘的部分則形成狹窄的管狀（或者說是袖狀），與腸道正常地相連。與正常的胃部相比，袖狀胃的體積有所縮減，但是仍然比胃繞道手術的小囊要大得多。	併發症比胃繞道手術少得多，但比束帶術多。值得注意的是，儘管是比胃繞道手術還簡單，身體的體重和胰島素敏感性的變化和那些接受胃繞道手術的人非常相似。此項手術和胃繞道

這是什麼？	它有什麼作用？	手術如何發揮作用？	有什麼缺點？
			手術一樣是不可逆的——但如果生活方式沒有變化，可能會有高達30%的人失去手術帶來的好處。

17

實用的改善計畫

　　我希望透過本書揭露那些可能源自於胰島素阻抗的嚴重慢性疾病,同時,也讓你掌握能有效改善胰島素阻抗的干預手段與相關知識。但是,如果缺乏一個將知識化為行動的計畫,本書的價值就會少了許多。

　　就如同你現在已經瞭解到的,你所能做到最重要的改變:有關於你的生活方式。有一些很明確,例如,如果你經常暴露在香菸煙霧下,那就請更努力地戒菸,或是讓自己遠離他人吸菸的環境。有一些則比較微妙——確實,那些用以改善胰島素敏感性、並降低因胰島素阻抗造成的眾多疾病風險的計畫,必須以身體活動和(尤其是)你吃的食物為中心。接下來,我會把所有引用過的、關於飲食和運動方面的研究發現,轉化為你能夠遵循的指南,好讓你的胰島素敏感性能獲得大幅改善。話雖如此,我永遠會建議你和醫生討論你的計畫,尤其是在你有健康問題的情況下。

確認胰島素阻抗的程度

　　在開始任何一段旅程前,你都需要知道自己身處何處。如果你正計畫要透過生活方式的改變反轉或預防胰島素阻抗,首先,你需要知道自己胰島素阻抗的程度。你有沒有做放在本書開頭的胰島素阻抗測驗 P024?如

果沒有，請現在回頭做測驗。這將能讓你對自己的風險程度有個大體上的概念。

如果你有兩個或以上的問題回答「是」，你非常有可能患有胰島素阻抗。不過，請避免將注意力放在那些症狀上太久。雖然觀察和追蹤測驗內的症狀可能有所幫助，但它們只是讓我們知道自己的整體胰島素敏感性。為了更詳盡的評估，**你需要測量胰島素濃度**。

坦白說，沒有簡單的方法可以讓你自己完成測量；胰島素量測沒有居家點刺檢測。你需要申請實驗室血檢，而且不是什麼血檢都行；每次空腹血液檢測會讓你知道自己的血糖值，但只有少數能顯示你的胰島素量。值得慶幸的是，你有一些選項可選（這些選項在極大程度上取決於你居住的區域；有些國家會讓檢測比在其他國家更容易進行）。

測量胰島素濃度的方法

你可以向你的醫生要求評估進行「胰島素血液檢測」。

通常你的保險會包括測試費用，但並不一定（這也是有些醫生可能會不太情願做測試的原因）。如果保險沒有包括檢測費用，醫生的辦公室會告訴你測試有多貴。

如果你的保險不包括胰島素測試的費用，或者你不想等待門診，你可以自行申請檢測。無數能讓消費者簡單地在線上購買胰島素（和其他）檢測的公司如雨後春筍般出現，例如walkinlab.com和labtestsonline.org（我和這兩家公司都沒有關係）。這些公司與當地血檢機構合作，可直接申請檢測；你走進當地的實驗室抽血，然後公司會把報告發送給你。

不幸的是，因為長期以來關注重點十分牢固地被放在葡萄糖上，因此我們對於胰島素濃度的標準並沒有統一的共識。理想上來說，**你的血液胰**

島素濃度應該低於6微單位／毫升（μU/ml）。雖然男性與女性的胰島素平均濃度大約是8～9微單位／毫升，但這樣的「平均」值並不是好事——血液胰島素濃度8微單位／毫升的人，罹患第二型糖尿病的風險是血液胰島素濃度5微單位／毫升的人的2倍。

| <6單位／毫升 | 7～17單位／毫升 | >18單位／毫升 |

　　如果你只能量測到空腹胰島素濃度，請試著同時測量你的血糖值，這樣做的好處是可以計算出你的胰島素阻抗指數（HOMA score）。胰島素阻抗指數是一個有用的小公式，同時將空腹葡萄糖和空腹胰島素考慮進去；透過將硬幣的兩面都包括進來，這個指數會比單獨的胰島素濃度更具描述性。胰島素阻抗的數值是透過以下列數學公式計算而來：

美國適用：葡萄糖（毫克／公合〔mg/dL；註：1公合等於0.1公升〕）乘以胰島素（微單位／毫升）再除以405（適用於美國）
大部分其他國家適用：葡萄糖（毫莫耳／公升〔mmol/L〕）乘以胰島素（微單位／毫升）再除以22.5

　　雖然還沒有共識，但數值超過1.5顯示有胰島素阻抗，而高於3通常表示你在罹患第二型糖尿病的邊緣。
　　不幸的是，即使是空腹胰島素也可能有一些限制。有一部分人的空腹胰島素可能是正常的，但他們對葡萄糖的反應則否。為此，請和醫療保健專業實驗室或研究實驗室合作，喝下一小杯75克的純葡萄糖，並立即在接

下來的2小時內每30分鐘抽一次血。檢查胰島素有幾種方式，不過最簡單的是以下這個方法：

①如果你的胰島素在30分鐘時飆升，並開始穩定地下降，你很可能對胰島素是敏感的——這是「好的」。
②如果你的胰島素在60分鐘（而不是30分鐘）時飆升，那就要小心了；你可能有胰島素阻抗，而且你之後罹患第二型糖尿病的可能性是正常人的5倍——這是「要留意的」。
③如果你的胰島素逐步攀升，而且在120分鐘時飆升至峰值，這幾乎可以確定你有胰島素阻抗，而且你罹患第二型糖尿病的可能性幾乎是正常人的15倍——這是「有麻煩的」。

關於這一點有一些說明：**如果你患有第二型糖尿病，而且你已接受胰島素處方，你還可以追蹤自己的每日胰島素劑量當作變化的跡象**。理想情況下，你應該頻繁地檢查自己的血糖濃度。

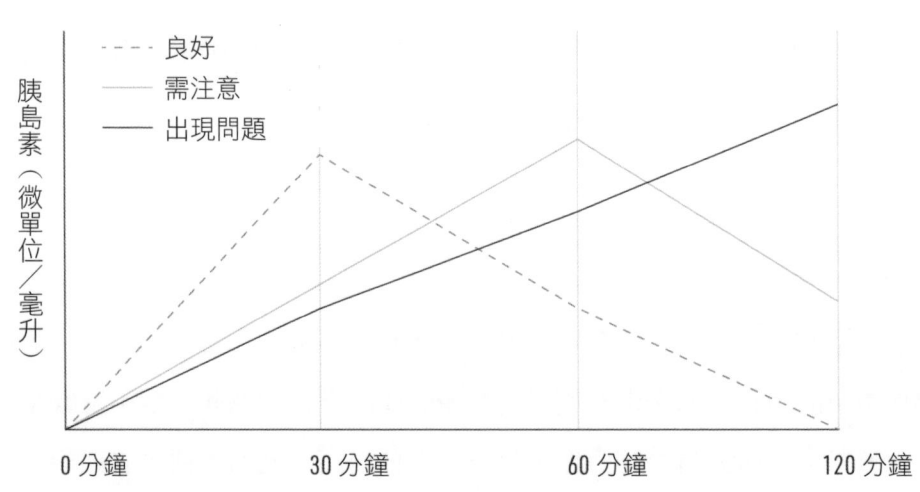

如果在做出一些生活方式的選擇後，你的正常胰島素劑量導致血糖濃度比標準還要低，那這個劑量就變得太高了——這表示你現在對胰島素更敏感了。千萬要注意：一旦你開始改變飲食，事情的變化會發生得非常快速。事實上，在一項限制碳水化合物的研究中，以胰島素治療的第二型糖尿病患者在一天之內就必須將他們的胰島素劑量減半！

很難申請到胰島素血檢時怎麼辦？

如果你無法用比較簡單的方式量測自己的胰島素，有幾個替代方案可供選擇。

一是測量你的血壓。如果你已設法降低自己的胰島素濃度，血壓應該會在幾天之內下降。

其二是量測你的酮體。透過購買酮體測量儀，你會對胰島素控制有點概念，雖然是間接的，但在一定程度上，當胰島素開始下降，酮體就會開始上升——這可能也要花費幾天時間。你應該記得，能讓胰島素維持在低濃度的飲食，也會讓肝臟生成的酮體增加；這種生酮作用的過程是正常、甚至健康的狀態，身體在這個狀態使用脂肪的速率是如此之高，讓一部分的脂肪被轉化成為酮體。大部分的酮體會被身體、尤其是大腦當作能量用掉，但也有一些會從我們的呼吸和尿液被排出，正因為這一點，所以你可以用幾個方法測量自己的酮體。

最精確、也最昂貴的，就是使用血液酮體試紙，價格大約是一張試紙1美金；最便宜的方法是使用尿液試紙，每張試紙只要幾分美金；最後一種方法是酮呼氣測試儀，價格落在上述兩種試紙之間。

在決定採用這個方法時，以上所有方法都各有優缺點要考慮。許多人發現，透過量測酮體確認他們改變飲食後對降低胰島素的效果如何非

常有激勵效果。雖然這相當因人而異，但是如果血液酮體濃度在1毫莫耳（mM）左右，胰島素濃度可能就會低於每毫升10微單位，這是個相當好的胰島素起始濃度。

不幸的是，隨著時間過去，用酮體當作胰島素變化指標的用處就愈來愈少了。雖然血液胰島素濃度可能沒有下降太多，但隨著飲食變化繼續進行，酮體濃度可能會持續小幅度上升。但在居家胰島素量測方法問世之前，這是讓你對自己的胰島素有些概念最簡單的自行操作方式了（儘管是反向的）。

如何決定生活調整的方向？

如果你能量測自己的胰島素濃度，你就會對目前所處的位置有些概念。這會讓你對下一步要做什麼有些想法，稍後我們將對此進行概述。

如果你的胰島素落在低濃度的範圍之內，也就是小於6微單位／毫升或41微微莫耳／公升（pmol/L），那麼，我們可以假設你現在的狀態相當好，是很安全的，此外，你對胰島素的敏感性也很強。要不是你已經秉持著明智的生活方式選擇，就是你還足夠年輕，可以（暫時）僥倖躲過糟糕的選項。

如果你的胰島素濃度有中度升高的情況，即7～17微單位／毫升或48～118微微莫耳／公升，那麼，你應該開始做出改變，尤其是在你所吃的食物和進食頻率方面。

若你的胰島素濃度很高，即大於18微單位／毫升或125微微莫耳／公升，請今天就開始改變，在下次你吃東西的時候，開始進行一些我們即將要進行討論的調整 P236。

用運動來增加胰島素敏感性

在對抗胰島素阻抗時，運用你的肌肉是很關鍵的。如果你還沒有開始運動，要知道哪一種運動適合你，以及如何將它與你的生活結合。這可能會讓你感到很困難，但你現在能做的最好的事情，就是別被它嚇倒了，我們將探討一些能夠幫助你開始的方法。

該進行什麼類型的運動？

任何類型的運動都能帶來益處，無論是有氧或重量訓練，但就花費的時間來說，**重量訓練可能可以為胰島素敏感性帶來更大的改善**。在繼續討論之前，有必要先說明一件顯而易見的事：**能幫助你改善胰島素敏感性（或達成任何其他健康成果）最好的運動，就是你實際上會做的運動**。

你可以這樣想。如果你深信，為了降低胰島素阻抗，自己應該一週舉重三次，但離你最近的健身房在三十英里之外，就會有絕妙的藉口不開車過去，最後，你很可能什麼都沒有做。然而，如果你決定在住家附近的街道走路或慢跑，即使這表面上看起來可能沒有重量訓練那麼「有好處」，但阻止你做這件事的障礙會少非常多（這取決於你居住的地區），而你會更有可能付諸行動。因此，在做出運動養生的承諾時，你將需要確定自己所處狀況的真實限制所在（而非藉口），並依此做出相應的行動。

話雖如此，**有氧運動和重量訓練對增加胰島素敏感性來說，都是有效的介入手段**，而在理想的狀態下，你的運動方案應該將兩者都包括進去。

有氧運動

任何藉由增加心率和呼吸速率，對心血管和肺部系統進行更有針對性

訓練的活動，都算是有氧運動。這可以透過幾種方法達成，最常見的包括跑步、腳踏車／飛輪或游泳。

重量訓練

重量訓練強迫肌肉反覆收縮或維持在對抗阻力的姿勢，目的是增強肌肉（和骨骼）的力量。以下敘述的運動，有些對新手來說可能很陌生；重量訓練是有學習曲線的，要進步，需要花時間熟練正確的技巧。我強烈建議你要熟悉線上資源，或者如果你可以負擔，最好能聘用一位教練幫助你熟悉各種不同的運動和正確動作。

首先，**最實際也最有益處的重量訓練方法是考慮「複合法」**。理想的情況下，重量訓練是由複合式運動所組成，這些複合式運動包含遵循合乎實際運動狀況的輔助肌肉群（支持目標肌肉並因此也得到鍛鍊的肌肉）。這個方法的好處之一是，你讓這些肌肉<u>以能反映日常生活使用的方式進行訓練</u>，而不是人為刻意的動作。人為刻意動作的例子之一是著名的「二頭肌彎舉」，也就是通過彎曲手肘將啞鈴舉起和放下。這個動作在真實世界幾乎沒有相等的對照動作，而它唯一的目的，就是讓T恤在上臂更為緊密貼合（不管人們是否承認這一點）。

為了能充分讓重量訓練發揮作用，使身體更強壯、更有能力，同時改善胰島素阻抗，你要把舉重運動分成兩個關鍵動作：推和拉。這個看似簡單的方案讓訓練能遵循自然的動作，並促使合適且互補的肌肉生長，自然配合一起工作的肌肉會一起變強壯。

舉例來說，如果你的背部肌肉軟弱無力，那麼強壯的二頭肌就一點用也沒有，因為每個現實中與二頭肌相關的動作（意即任何肘部閉合的時候）都會牽涉到背部。

光練手臂沒有用

很少有人有時間全心投入專門鍛鍊二頭肌（上臂前部）和三頭肌（上臂後部）的運動，這是件好事。請讓這些肌肉在自然狀態下使用時，隨著推（三頭肌）和拉（二頭肌）的動作獲得鍛鍊。畢竟，如果你的肩膀和胸膛瘦弱，那麼擁有強壯得不得了的三頭肌又有什麼好處呢？你不會更能夠幫自己從椅子上起身、或從地上爬起來。

最常見的情況是，人們做手臂運動是因為他們不知道怎麼做會更好（這是情有可原的），或者他們想要炫耀（這不可原諒，不過炫耀手臂比炫耀腿部容易多了）。如果你有足夠的時間專注於手臂頗為無用的肌肉（獨立存在的肌肉），你還不如把更多時間花在你的腿部和核心肌肉上。

別忘了，朋友是不會讓朋友逃過腿部鍛鍊日的。

其次，**如果你沒辦法去健身房，那就設法利用家裡有的東西做重量訓練**。無論是伏地挺身、椅子深蹲，或者是舉起裝滿水的牛奶罐和仰臥起坐，你一樣可以用這些「自製」運動讓肌肉疲勞。如果情況允許，我會建議購買一張舉重椅和一組配合你力量的啞鈴（隨著時間過去，你會擴充這項裝備）。

第三，**重量訓練是每個人都可以做的**。有些女性會迴避重量訓練，因為怕會變得太過臃腫；但對大多數女性而言，這根本不會發生。當一名男性將重量訓練的每一組動作都做到氣力放盡時，他會變得更強壯，而他的

肌肉也會變得更大（可能是很戲劇化地變大）；然而，**當一名女性將重量訓練的每一組動作都做到氣力放盡的狀態時，她會變得更強壯，而她的肌肉會有所增長一點點，變得更加線條分明。**

儘管擁有相似的相對運動強度，為什麼男性與女性間會有體型上的差異？答案是：荷爾蒙──兩性的血液中有各自不同的荷爾蒙混合物，能決定肌肉伴隨著重量訓練所發生的合成代謝效果（增長）。不過，不論肌肉尺寸和強度的改善，一週60分鐘的重量訓練，改善胰島素阻抗的效果會比60分鐘的有氧運動更好。

有許多有用的資源能幫助你開始更積極地鍛鍊，並訓練你的身體提高對胰島素的敏感性。身材健美（而且豐富多彩〔譯註：作者指的應該是這兩兄弟身上的刺青〕）的兩兄弟，艾爾和丹尼・卡瓦德洛（Al and Danny Kavadlo）的作品《變強壯》一書，或者是傑瑞・特謝拉（Jerry Teixeira）的YouTube頻道都是非常有幫助的指南。為了能幫助你立刻開始，我已經將一個簡單的運動計畫放進附錄A的內容中 P261。

運動頻率、運動時長、何時運動

如果可以，每週你應該花六天的時間從事體能活動，保留一天純粹用來休息，讓身體得以恢復。根據不同運動的類型，日常運動需要多樣化，以預防過度使用的傷害，並確保特定肌肉獲得適當的恢復。

我認為，20分鐘是剛好足夠能引發明顯益處的時間。當時間有所限制的時候（約20分鐘），運動的強度就更重要。在可能的情況下，30～40分鐘，是確保你能充分完成一天運動方案的好時長；我個人的目標訂在40分鐘──再長的話，我會覺得自己的優先順序被混淆（例如與家人相處的時間等等）。

你在一天當中什麼時間運動，都沒有比完成運動來得重要；比起午後或晚上，在早上運動並沒有明顯的益處。不過，在早上運動的人通常比較沒有藉口，因而更能夠堅持下去——事實上，比起晚上六點，可能妨礙到早上六點運動的事情要少得多。

鍛鍊強度應該多強？

對改善胰島素敏感性來說，運動的強度可能比任何其他變因（包括持續時間）都來得更重要。這裡有一個重要的提醒：<u>不要試圖做超出自己能力範圍的事</u>。在實施高強度的訓練時，從簡單的動作開始是很重要的，要讓你的身體適應，然後漸漸進展到更高的強度。

對有氧運動來說，只要單純地用更劇烈的方式運動，就能達成高強度的鍛鍊。理想的方法是進行間歇訓練，在1分鐘較低強度的運動後，緊接著1分鐘最高強度的運動，如此反覆持續到預期的時間。舉例來說，如果你選擇跑步，不要只是將計時器設定在35分鐘然後開始慢跑。相反地，注意你的計時器，間隔混合輕度慢跑和高強度奔跑的時間週期。

對重量訓練來說，你可以藉由將每一組動作做到「力竭」來達到更高的強度。換句話說，每次你開始運動時，不必去管進行的次數，請持續鍛鍊（不斷重複）直到沒辦法再做為止。和高強度有氧運動相似，這真的很讓人筋疲力竭，但就收穫最大的胰島素益處來說，這必不可少。事實上，每天訓練的時候，只要進行將幾種運動做到力竭，對改善胰島素阻抗來說可能就已經足夠。

增加有氧訓練和重量訓練強度最重要的好處是：這麼做會讓這兩種運動類型彼此之間更相似。就像以更高的強度間歇進行有氧運動能讓所使用的肌肉更徹底地力竭且得到強化，同樣的，強度更高的重量訓練，尤其是

在每組動作間穿插的休息時間較短的情況下，也能大大增加心肺系統的負荷（註：鍛鍊以強化心肺功能）。

用進食維持低胰島素濃度

現在，我們來談談可能是你所能做到的、最重要的生活方式改變——**要改善胰島素阻抗最科學的健全飲食，就是能讓胰島素維持在低濃度的飲食**。飲食的每個方面——吃什麼、什麼時候吃——都是達成最終目的的手段。為了使自己對胰島素更敏感、並更好地管理自己的健康，你要重新規劃自己攝取的營養，而以下四點，便是一個明智計畫的重要支柱：

①控制碳水化合物。
②優先攝取蛋白質。
③用脂肪達到飽足。
④注意時間。

這些看似簡單的建議，其實已經有了強效的證據佐證。讓我分享一下我們最近在實驗室中的經歷。在和一間當地診所合作時，我們讓11名患有第二型糖尿病的女性連續90天遵行上述這些指示。在運動方面沒有改變、不計算熱量，還有最值得一提的——沒有使用任何藥物的情況下，第二型糖尿病消失了。

如何控制碳水化合物？

控制碳水化合物是快速並有效控制胰島素首要且最基本的原則。由於

所有人的先天代謝差異，我們根本不可能建立一個通用的策略。每個人理想的巨量營養素組成（從脂肪、蛋白質和碳水化合物中所獲得熱量的比例）可能會有所不同，但無論最後是什麼樣的組合，碳水化合物在飲食中的比例都應該遠小於典型的傳統飲食和無所不在的「西式飲食」（通常含有約50～60％的碳水化合物）。這是一件好事，我們正希望逆轉這種飲食引起的趨勢（註：指西式飲食帶來的不利影響）。

如果你在本書開頭的「胰島素阻抗測驗」P024 中回答兩個或更多的「是」，那就表示你對碳水化合物的耐受較差，因此，你會需要對吃下的碳水化合物種類和食用量更加謹慎。如果你只回答一個「是」或沒有，你的飲食將有更多留給碳水化合物的空間。之所以有這種差異，單純可歸因於：進食後，你的身體是否需要生成更多胰島素、並在更長時間內維持更高的胰島素濃度，來將葡萄糖從血液中清除？

還記得嗎？碳水化合物是強勁的胰島素攀升導火線（不同的食物導致攀升的範圍差異很大；譬如青花菜的影響很小，而洋芋片卻有很大的影響），蛋白質造成的影響是中度的，膳食脂肪則完全沒有影響 P197。在記住這一點之後，以下是在你規劃改善或預防胰島素阻抗的新營養計畫時，可能會有幫助的巨量營養素範圍：

- 如果你的回答有2個或以上的「是」：約70％熱量來自脂肪、25％來自蛋白質、5％來自碳水化合物；每日碳水化合物攝取量通常少於50克。
- 如果你的回答有一個「是」：約65％熱量來自脂肪、20％來自蛋白質、10％來自碳水化合物；每日碳水化合物攝取量通常少於75克。
- 如果你沒有對任何問題回答「是」（而且從未想要對任何問題回答「是」的話），你能享有更多的自由：55％熱量來自脂肪、25％來自蛋

白質、20％來自碳水化合物，或者是55％熱量來自脂肪、30％來自蛋白質、15％來自碳水化合物——每日碳水化合物攝取量通常少於100克（或者更高，根據健康和身體活動的需要）。

這些範圍可能需要由你來進行最佳化，也就是說，這些數字並不是「最後定案」，而且請注意，對很多人來說，**每天食用不到50克碳水化合物非常有可能成為生酮飲食**。如果你對此感到不適，而且強烈感覺你需要更多碳水化合物，那就盡一切可能地多食用低升糖負荷的蔬菜和水果。所有人都應該牢記一件事：**想要透過控制碳水化合物、或明智攝取碳水化合物飲食法，享有胰島素增敏益處，你並不需要一直處於酮症的情況下。**

在水果和蔬菜方面，要力求碳水化合物和營養素的平衡——選擇營養素含量高且碳水化合物含量低的。小心避免過度攝取高澱粉蔬菜（例如南瓜和馬鈴薯）和高糖水果（例如香蕉、鳳梨和蘋果）。以下是一些優質的水果和蔬菜（平均食用份量為100克；根據www.ruled.me）：

胰島素友善的水果和蔬菜	脂肪（克）	淨碳水化合物（克）	蛋白質（克）
高麗菜	0	6	2
花椰菜（白）	0	6	5
青花菜	1	7	5
菠菜	0	1	3
羅蔓生菜	1	2	2
甜椒	0	5	1
四季豆	0	4	2
洋蔥	0	12	2
黑莓	1	8	2
覆盆子	1	8	2

有兩項資源會有助於你開始做出對胰島素友善的飲食改變。第一項是本書的附錄B，其中包括了詳盡的食物列表 P266，以及列出各種食物之升糖負荷的線上資料庫，你可以在https://www.health.harvard.edu/diseases-and-conditions/glycemic-index-and-glycemic-load-for-100-foods查到。請記得，運用升糖負荷的概括指南如下：

升糖負荷	評判	範例
<15	良好	像是菠菜和羽衣甘藍等綠葉蔬菜，還有像是青花菜、花椰菜、甜椒、小黃瓜及更多的非澱粉性蔬菜；像是酪梨和橄欖等高脂肪水果；蛋；任何一種肉類；牛油、起司還有酸奶油。
16～30	要注意	大多數的酒精、原味優格、全脂牛奶、莓果、柑橘類水果、大多數的堅果、某些澱粉含量較少的蔬菜，例如胡蘿蔔和豌豆、扁豆及大多數豆類。
>30	危險	幾乎每一種加工食品、果汁、麵包、餅乾、早餐穀片、冰淇淋、像是鳳梨和香蕉等含糖水果，還有很多很多。

以下是一些伴隨著控制碳水化合物整體概念而來且值得你進一步考慮的想法：

①**不要吃那麼甜！**胰島素增敏營養計畫裡的糖分比例非常少。主要是因為糖會以許多形式無處不在，無論是蔗糖、濃縮蔗糖汁、高果糖玉米糖漿、糙米糖漿或其他形式，它們全都是一樣的垃圾食品。你可以為家裡大多數常見的食品找到無糖的版本，特別注意諸如醬汁、沙拉醬、番茄醬、花生醬等等食品。誰會想在這些食品裡加糖，對吧？你不會吃得出差異。當真的要享用甜點時，我會鼓勵你限制在每週只享用一次，也可以想辦法製作或購買碳水化合物含量較少的版本。

人工甜味劑注意事項

真多虧了非營養甜味劑,讓我們得以在享受甜食的同時又不會讓葡萄糖和胰島素飆升。假使你計畫將甜味劑用於烘焙或烹飪,請務必要注意如何購買它們;如果甜味劑是粉末狀的,那就很可能含有大量葡萄糖的填充劑,例如麥芽糊精(maltodextrin),這會讓使用甜味劑的目的(即不要使胰島素飆升)失效。

甜味劑	單純對胰島素的影響	伴隨碳水化合物後對胰島素的影響
三氯蔗糖（Sucralose）	無	使胰島素增加
阿斯巴甜（Aspartame）	無	不明,可能會使胰島素增加
甜菊糖（Stevia）	無	無
乙醯磺胺酸鉀（Acesulfame-K,又稱安賽蜜-K）	不明,可能有影響	不明,可能會使胰島素增加
木糖醇（Xylitol）	影響很小	影響很小
赤藻糖醇（Erythritol）	無	無
其他糖醇	可能有影響,影響程度不一	影響程度不一,非常可能會使胰島素增加
羅漢果萃取物	無	無

②**聰明地選擇澱粉！**碳水化合物是一種極為多樣化的巨量營養素,建議選愈天然的碳水化合物愈好。避免最糟糕的碳水化合物的通則是:如果它

來自於帶有條碼的袋子或盒子，那麼很可能就是應該避免攝入的碳水化合物。

③不要喝下你的碳水化合物。我們「吃下」水果的胰島素反應與我們「喝下」水果產生的胰島素反應，有著很大的差異。當我們去除或改變水果裡的纖維時，我們得到的是純果糖，而非帶有適量纖維的果糖。天然水果纖維的存在，會顯著地降低胰島素對該水果的反應。

④在你能做到的時候，嘗試將更多重心放在發酵的碳水化合物上，例如將未經加工的德國酸菜或韓式泡菜 P244 包含在日常的一頓餐點中。如果你幾乎不吃發酵食品，而且不打算改變料理方式將它們納入其中，一個簡單的策略就是每天飲用蘋果醋（apple cider vinegar）P242。一天當中，無論你的哪一頓飯包含的碳水化合物最多，在那一頓飯之前喝下1～2湯匙未經加工、未過濾的蘋果醋（例如Bragg牌蘋果醋）。

優先攝取蛋白質

當人們採行低碳水化合物、高脂肪飲食時，一個令人擔憂的問題就是過度迴避蛋白質（例如肉類或蛋）。儘管特定胺基酸（膳食蛋白質在血液中流動的部分）可能導致胰島素釋放，但這個情況發生的比例在很大程度上取決於血糖的量：是否在攝入碳水化合物的同時攝入蛋白質，或者血糖濃度是否有潛在升高的情況（即高血糖症）。若碳水化合物的攝取量和血糖都很低，膳食蛋白質所引起的胰島素反應會很小或沒有；如果碳水化合物攝取量很高，而且血糖濃度增高，就會出現很大的胰島素反應。

為了讓肌肉和骨骼的生長最佳化並由運動中恢復，建議每公斤體重攝取1～1.5克蛋白質。若你的年齡較大，則必須達到上述目標的高標，因為當人變老，就會逐漸變得較無法將膳食中的蛋白質轉變成肌肉蛋白質。

發酵食品的益處

現代化的便利在大多數情況是種祝福，但冷藏技術在我們如何消化及最終代謝我們所吃食物這方面，可能並不完全都是好事。在我們能用攝氏3.89度的溫度儲存食物防止它們腐壞之前，不管刻意與否，許多食物和飲料都會發酵。

發酵作用涉及細菌消化糖類（果糖、乳糖、葡萄糖等），並且產生酸類（帶來輕微的酸味）、二氧化碳（讓飲品有些泡泡或食品出現氣泡），還可能產生酒精（從微量到大量，視發酵的本質和時間長度而定）。這些化學產物很有意思，雖然只是那些在**發酵作用期間失去（而非增加）的物質**，但可能在探討發酵食品對提升胰島素敏感度的益處方面特別有關聯。

當細菌在發酵一種食物（例如穀類）時，它們不會吃掉量少的脂肪或蛋白質，而是吃掉澱粉；細菌會吃葡萄糖。因此，藉由吃掉發酵中食物的澱粉，細菌能幫助我們減少糖分的攝取量，從而降低食物對血糖和胰島素的影響。因此，**在攝取發酵食品時**，我們會獲得兩種明顯的胰島素增敏效益；①我們攝入的澱粉比未發酵的版本少；②同時我們吃下了能在腸道中起益生菌作用的有益細菌。

未加工蘋果醋

未加工的蘋果醋是驚人且有效的發酵食品。數項研究已經發現，只要在食用含大量澱粉的**餐點時搭配1湯匙左右的蘋果醋**，就有助於患有胰島素阻抗的人降低那頓飯帶來的葡萄糖與

胰島素影響，而且可能對整體改善第二型糖尿病患者的血糖控制有幫助。

此外，晚上喝2湯匙未加工蘋果醋，有助於在隔天早上血糖濃度有升高趨勢時控制血糖，這就是為什麼我建議<u>每天早上和晚上將2湯匙蘋果醋用1杯水稀釋後飲用</u>的原因。

酸種麵團

酸種麵團是西方發酵食品殘存的遺跡，是在沒有運用最普遍的「速效」酵母菌情況下，通過天然細菌讓麵包隨著時間發酵所製成的麵團。將普通麵包替換成酸種麵包，能讓胰島素阻抗患者的血糖濃度和胰島素濃度明顯降低；此外，相比於常規的麵包，酸種麵包對血糖的影響明顯較低，即使當兩者都是用相同的穀類製作的，也仍然一樣。

<u>如果你在市場上購買酸種麵包，要密切注意</u>；很多都是假的。大多數陳列在超市中的「酸種」麵包，實際上是添加醋來模仿真正酸種麵包酸味的常規麵包。很少在超市販售的真正酸種麵包，會在成分當中提到「酸種麵團起種（sourdough starter，也有人稱為酸麵種、酸種酵母）」；酸種麵包通常是在健康食品商店販售，而且它「物有所值」。

發酵乳製品

雖然在某種程度上，優格仍然是我們飲食的一部分，而把發酵的牛奶——即「酸牛奶」（註：酸牛奶和優格都是發酵乳製品，最大的差別之一是優格是精選菌種加入牛奶中使之發酵，酸牛奶則是「隨

機」菌種發酵而成）──當作酸種麵包成分之一的作法現在幾乎已完全絕跡，但商業品種的克菲爾菌正開始捲土重來。

和酸種麵團一樣，優格菌會選擇性地吃掉牛奶中的乳糖，把乳脂肪和蛋白留給我們，這些發酵乳製品也能為對抗胰島素阻抗帶來明顯的效益：它們不僅能降低吃飯時所攝入穀類和其他食物的葡萄糖及胰島素負擔，還有利於血糖的長期控制。

韓式泡菜

與西方飲食相反，東方美食對發酵食品仍然維持著更為健康的欣賞能力。最值得注意的，可能就是韓式泡菜，這是一種綜合發酵蔬菜。食用韓式泡菜毫無疑問地有助於降低胰島素阻抗患者的葡萄糖濃度與胰島素濃度，這項研究進一步比較新鮮韓式泡菜與醃漬十天的韓式泡菜所帶來的影響，結果顯示：重要的不是蔬菜，而是在發酵過程中它們發生什麼事；發酵的人參和大豆也可以觀察到類似的益處。

也可以考慮益生菌

食用發酵食品並非從益菌作用中獲益的唯一方法，益生菌也能發揮一定作用。益生菌是你所攝入、能改善健康的細菌，常見的形式是膠囊或粉末（若不是發酵食品的一部分）。數項證據支持益生菌的胰島素增敏效益；大多數證據都總結在一項收集十七項隨機試驗的統合分析中，並得到益生菌能有效降低空腹葡萄糖和胰島素的結論。

有很多方法可以用來達成以食物控制胰島素的目的，包括透過採取雜食、素食、甚至還有純素主義的生活方式。然而，單就動物性製品較缺乏讓胰島素飆升的澱粉來說，食用動物性製品會使控制胰島素變得更簡單。蛋白質含量最多，同時澱粉和糖的含量最少的食物都是動物性的。

素食主義者怎麼吃？

如果你是素食主義者，你還是能遵循明智、提升胰島素敏感度的營養計畫，雖然你會需要更努力地**搜尋澱粉含量較低且脂肪含量較高的菜單選項**，但它們確實存在！請避免攝取過多種籽油，堅持使用水果油脂（例如橄欖油、酪梨油和椰子油），此外，如果你的飲食允許，從非肉類來源取得的動物脂肪（例如乳製品、蛋）。

可以吃肉的人要注意什麼？

如果你吃肉，**取得所有肉類、乳製品和蛋的來源，離家愈近愈好**。

在可能的情況下，**確保肉源動物是以放牧方式飼養，並允許牠們食用本身的天然飲食**（舉例來說，奶牛吃草而非穀物）。儘管沒有多少證據支持放牧飼養的肉類或蛋對健康比較好，但肯定更合乎倫理和永續的方法。

如果你花點時間去找，我猜你會對自己所居住的區域能取得的東西感到驚訝（同樣的原則也適用於遵循植物性飲食者：在當地採購，並避開以「單一耕作」方式運作的農場，你的採購將更能夠支持永續系統，你也會對自己的做法更有信心）。

胰島素友善食品選項的詳細列表請參閱附錄B。此外，**務必謹慎對待醃製肉類**，包括香腸和（特別是）肉乾，這些食品往往含有大量的糖。還有，**不要避開脂肪豐富的肉類和魚類**，羊肉和鮭魚都是很好的食材。

以下是理想的蛋白質來源及其營養分析（根據常規的1份115克）：

胰島素友善的蛋白質	脂肪（克）	淨碳水化合物（克）	蛋白質（克）
牛絞肉（80／20）*	23	0	20
肋眼牛排	25	0	27
培根	51	0	13
豬排	18	0	30
雞腿肉	20	0	17
雞胸肉	1	0	26
鮭魚	15	0	23
羊絞肉	27	0	19
雞蛋（大）	5	0.5	6
豆腐	3	2	7
天貝	9	9	15
南瓜籽	42	4	32
花生醬	50	14	25
*註：指80％瘦肉、20％脂肪			

　　某些乳製品內的乳糖可能含量驚人，牛奶就是一個最好的例子。牛奶的三種巨量營養素含量都很高（蛋白質、脂肪和碳水化合物），讓它成為幫助寶寶成長的理想食物（這就是哺乳類動物製造乳汁的原因）。因此，如果我們把重點放在避免胰島素飆升，那就要確認乳製品的發酵程度。

　　和其他所有發酵食品一樣，我們讓細菌做一部分的工作，也就是說，細菌吃掉葡萄糖，留下脂肪和蛋白質讓我們享用，起司和優格是當中重要的選擇。當然，也有其他只去除蛋白質和碳水化合物的理想乳製品來源，例如鮮奶油和美乃滋。以下是優質乳製品選項的列表（平均份量為100克或0.5杯）：

胰島素友善的乳製品	脂肪（克）	淨碳水化合物（克）	蛋白質（克）
高脂重鮮奶油	12	0	0
希臘優格	1	1	3
美乃滋	20	0	0
半牛奶半鮮奶油	4	1	1
茅屋起司	1	1	4
奶油乳酪	9	1	2
莫札瑞拉起司	5	1	5
陳年切達起司	9	0	7
帕馬乾酪	7	1	10

用脂肪達到飽足

請接受來自「食用含大量極佳脂肪的真正食物」所帶來的胰島素增敏價值。

我們吃下的脂肪其實並不會讓胰島素增加，**脂肪是能滋養你的身體且不會餵養「怪獸」（胰島素阻抗）的有益食物。你反而要小心不包含脂肪的餐點**；它們不會那麼有滿足感，而且這頓飯很可能會對胰島素產生更負面的影響。

我們對膳食脂肪有生理上的需求。脂肪是必要的，但那不代表所有的脂肪都是好的，攝取脂肪通則是：

相對於加工食品中的脂肪，如果你攝取的是「真正」的或「天然」的脂肪，那就是好的。

此外，還要挑戰所謂「健康脂肪」是不飽和脂肪的教條式定義！**脂肪愈不飽和，就愈容易被氧化**（也因此而有害 P146），而且可能會因為加工的關係而含有多餘的化學物質，因此，從動物和水果來源（即椰子、橄

> ## 全脂牛奶反而不易致胖
>
> 許多人認為鈣質是牛奶裡的英雄角色，然而——或許脂肪才是!?
>
> 如果你正減重，請不要避開乳脂肪。包括一項針對男性的十二年追蹤研究，以及針對兒童的前瞻性研究在內的數項研究顯示，相較於攝入低脂牛奶，若攝取全脂牛奶，肥胖或發生肥胖症的風險較低。
>
> 除此之外，許多近期的分析顯示，相較於低脂乳製品，全脂乳製品能降低罹患糖尿病的風險。

欖或酪梨）取得的飽和脂肪及單元不飽和脂肪是理想的，而多元不飽和脂肪（即大豆油）應該避免食用。

以下是簡短的膳食脂肪入門：

- 飽和脂肪（好的）：這包括從動物取得的油脂（肉類和牛油／酥油），還有椰子油。
- 單元不飽和脂肪（好的）：主要是水果的油脂（橄欖和酪梨），還有某些堅果（例如澳洲堅果油）。
- 多元不飽和脂肪（要注意）：天然來源的多元不飽和脂肪（例如肉類和堅果）之所以沒有問題，主要是因為含量非常低；這當中也包括奇亞籽和亞麻籽，兩者都富含三種omega-3脂肪之一（即次亞麻油酸，註：omega-3脂肪酸最重要的三種是次亞麻油酸、二十碳五烯酸、二十二碳六烯酸）。加

工的種籽油（即大豆油、玉米油等等）和含有這些油脂的加工食品內的多元不飽和omega-6脂肪則高出數百或數千倍，因此最好避免食用。

另一個關於脂肪和油脂的重點，則是在不同烹飪的情況下食用它們的時機。

換句話說，如果你要用油脂烹飪，使用動物油脂（例如豬油或牛油）或椰子油；如果你要用脂肪／油脂來製作醬汁，單元不飽和脂肪就很理想（因為它們在室溫下是液態的），包括橄欖油和酪梨油。

關於堅果的註記：和乳製品一樣，所有三種巨量營養素在堅果內的含量都較高，雖然脂肪的含量更高。儘管如此，堅果內各種碳水化合物的含量值得注意：

①碳水化合物含量最低：澳洲堅果、胡桃
②碳水化合物含量中等：多數堅果屬於這一類，包括花生、杏仁、核桃
③碳水化合物含量最高：開心果、腰果

以下我為各位讀者明確列出了一些優質的堅果（根據平均食用份量，約60克）：

胰島素友善的堅果	脂肪（克）	淨碳水化合物（克）	蛋白質（克）
夏威夷豆	43	3	4
巴西堅果	37	3	8
胡桃	41	3	5
杏仁	28	5	12
榛果	36	3	9

微量營養素與胰島素

到目前為止，在對飲食和胰島素阻抗的探索中，我們是將重點放在巨量營養素上，也就是脂肪、蛋白質和碳水化合物，關於無數微量營養素（礦物質、維他命和飲食中其他分子）的證據，則是模稜兩可的；這些化合物大多數對胰島素敏感性都沒有影響，但已有少數被發現能帶來正面的結果，值得一提。

如果你覺得會有幫助，可以考慮服用這些營養補充品，不過，要記得這絕對無法抵銷不健康的飲食，**巨量營養素比微量營養素重要得多**。

鎂

鎂主要從飲食中的綠色葉菜和堅果／種籽中獲得，對胰島素敏感性通常有正面效益。多項研究顯示，**胰島素阻抗患者體內鎂的濃度較低**。在一項有良好對照的研究中，連續4週每天接受4.5克鎂的受試者，對胰島素的敏感性比對照組更高。另一項類似的研究，追蹤患有第二型糖尿病的受試者16週，並再次發現胰島素敏感性的改善。這顯示鎂可能有多麼大的益處，甚至似乎有助於降低非糖尿病受試者體內的胰島素濃度。

鉻

鉻是一種很少被提及的礦物質，主要的膳食來源是四季豆、青花菜、堅果和蛋黃。每日口服吡啶甲酸鉻（chromium picolinate）400微克的6週內，一組第二型糖尿病患者的胰島素

阻抗出現顯著改善；改善效果在研究進行的剩餘6週內也持續維持。一旦停止服用鉻營養補充品，患者就會在數週內喪失胰島素敏感性的改善效果。

半胱胺酸

半胱胺酸是一種非必需胺基酸，在其他胺基酸（例如甲硫胺酸）濃度足夠時能在體內生成。主要食物來源有肉類、蛋、甜椒、大蒜、青花菜，以及一些其他食物。

人類的半胱胺酸研究資訊十分有限，顯得一項大鼠研究有其獨一無二的觀點。連續6週讓大鼠採取高蔗糖飲食，並給予低劑量（5.8克）或高劑量（20克）的半胱胺酸。一如預期的，高蔗糖飲食導致胰島素阻抗和氧化壓力發生，然而，高劑量的半胱胺酸營養補充品足以遏止胰島素增加。

鈣

講到礦物質時，許多人傾向於主張鈣對改善胰島素敏感性大有益處，但事實上，研究的結果卻不是那麼明確：大多數提出鈣的攝取具有益處的報告，是在受試者攝取更多乳製品的基礎下所進行的研究，至於那些只單獨探討鈣的研究，並未發現有提升胰島素敏感度的效益。攝取乳製品有幫助，可能是與它所包含的各種脂肪、蛋白質與碳水化合物有關，而**鈣或許只是一種假象**。

在一組有肥胖問題的受試者中，增加乳製品的攝取讓他們的鈣攝入量增加到每天1200毫克，能使胰島素濃度降低18%。

然而，若透過讓研究受試者採取高乳製品飲食、並添加或不添加鈣營養補充品，（未添加鈣營養補充品的）高乳製品飲食組的胰島素濃度出現了44%的顯著下降，而飲食中添加鈣營養補充品的實驗組沒有出現改善。在一項時間較長、追蹤體重過重受試者長達10年的研究中，攝取最多乳製品的受試者，發生胰島素阻抗和第二型糖尿病的風險最低。

維他命D

我們一般會從骨骼健康的角度來看維他命D，但它是一種比大多數人所想的更為複雜、更有益處的分子。除了其他我們所知與維他命D缺乏有關的疾病之外，**缺乏維生素D的人還常常還會發生胰島素阻抗**。事實上，這些人發生胰島素阻抗的風險比正常人高出約30%。當然，解決方法很簡單：只要連續幾個月每天補充100微克維他命D_3（4000國際單位〔IU〕）就足以改善胰島素敏感性，使之回到正常狀態。除了營養補充品，絕佳的天然維他命D來源還包括富含油脂的魚（例如鮪魚和鮭魚）、蛋黃和起司。

鋅

鋅通常可由紅肉中攝取，其次則是家禽。一項針對胰島素阻抗患者的研究發現，比起服用安慰劑的對照組，那些連續6個月每天服用30毫克鋅的患者，在血糖和胰島素敏感性方面有顯著的改善，但其他類似的研究卻顯示沒有任何效果。

注意進食時間

要記得的最重要而且簡單的觀念就是，**在白天長時間讓葡萄糖和胰島素保持在低濃度**是通往正確方向的關鍵步驟。要達到這個目的，我建議採行某種形式的基礎限時進食策略，而且我已經發現一種能做到這一點的簡單而有效的方法。

每天晚上斷食（不是斷水）12個小時，想要達成這個目標，你可以在大約下午五點到七點吃完晚餐之後便不再進食，一直到早上五點到七點左右再進食。

此外，每週找2～3天，將斷食時間延長到18小時（也就是晚上六點吃晚餐，隔天中午再吃當天的第一頓飯）。

如果你餐點中的脂肪含量較高、精製碳水化合物含量較低，你會很驚訝地發現，當你的身體習慣利用（包括你自己的體脂肪在內的）脂肪做為燃料時，讓胰島素維持在控制之下會變得多麼簡單。

你甚至可以每2～4週，找一天完全斷食24小時。

其他有用的建議

隨著你開始執行有助於讓身體對胰島素的敏感度提升並逆轉胰島素阻抗的飲食改變，你可能會發現這些書籍有所幫助：《低碳水化合物生活的藝術與科學》、《吃得好、活得長》、《蛋白質的威力》（或其他各種書籍與線上網站，例如www.ruled.me）。對那些更傾向於採取素食主義生活的人，《素食者生酮飲食烹飪大全》和《生酮食譜》會有幫助。

做為一項通則，我建議你謹慎使用常見的奶昔代餐，這並不是說你不能吃這些東西，但不幸的是，由於對脂肪極其錯誤的恐懼和這些產品中驚人的精製碳水化合物含量，這些針對糖尿病和減重設計的市售飲品可以說

是最糟糕的。除此之外,這些飲品中所含的脂肪大多是像大豆油這一類的種籽油。

值得慶幸的是,現在也可以買到許多健康的奶昔,它們和你在購物時能很方便看到的那些完全不同,請一定要確認奶昔中所含有的糖或果糖非常少或沒有,而且不含種籽油。

採行低碳水化合物飲食最大的挑戰,可能是應付對碳水化合物及糖的渴望。雖然圍繞在這些食物是否真的有成癮性的爭論還在繼續,我在此處用一種簡單的方式來定義食物上癮:

①你會渴望某種食物嗎?
②你是不是很難控制食用該種食物的份量?
③當你放縱過度時會有罪惡感嗎?

小心沒那麼有幫助的朋友

你的朋友無疑是非常棒、而且很關心你,但請注意:一旦你開始致力於每週只吃一次甜點,他們可能會忽然間變得對你一點幫助都沒有了。我曾經見過許多試著藉由減少糖的攝取以做出重大飲食變化的人們,結果他們的朋友卻成了最強烈的反對力量,這些人似乎是在嘲笑他們,不然就是故意破壞他們朋友想要變得更健康所做出的努力。這可能是人類的劣根性——我們不喜歡看見人們做出我們知道自己應該做的改變,而且,如果我們都是問題的一部分,就更容易忽視這個問題。

沒有人週六晚上在家看電影時會渴望吃炒蛋，通常想吃的會是洋芋片和冰淇淋。當你渴望吃甜味或鹹味的東西時，試著用起司、堅果或種籽來滿足這種渴望。

　　此外，別忘了檢查附錄B的詳細食物列表 P266。

給每頓飯的指南

早餐

　　如同前文所討論過，早餐可以說是我們需要改變的最重要一餐（還記得黎明現象吧 P194）。**利用限時進食改善胰島素敏感性最簡單的方法之一，就是每次都斷食到早餐時間結束。**這同時也是我自己的胰島素敏化策略中的主要部分，而且我發現，早餐是我們能最簡單、最方便加以省略的一餐。

　　改變早餐並不會太困難，因為早餐通常是完全取決於你自己的一餐：你吃什麼比較不會對任何人造成影響，不像午餐和晚餐，你可能會和同事或家人一起進餐（而且可能會使你的選擇受限）。即使你會和家人共進早餐，也還是可以有選擇性。

　　以下是在你沒有斷食的早上該吃些什麼的建議：

①培根和蛋（用油脂煎炒）
②搭配多種蔬菜的歐姆蛋（我喜歡加上未加工的德國酸菜）
③烘蛋鬆餅（將打散的蛋、奶油和起司放入小的鬆餅模具中烘烤而成）
④全脂優格或茅屋起司搭配莓果
⑤杏仁奶莓果果昔

午餐

如果你得外食，找出菜色當中大部分是脂肪和蛋白質的選項，同時確保其中的碳水化合物不是精製澱粉（麵包、義大利麵、炸薯條等等）。這並沒有你看起來那麼困難，試著讓你的下一個漢堡是「蛋白質風漢堡」或用生菜代替麵包的生菜漢堡。

如果你要「自帶午餐」，以下是一些午餐的選項：

①酪梨鮪魚沙拉
②科布沙拉（搭配大量的水煮蛋和肉類，註：起源於美國的一種沙拉，主要由生菜、番茄、煎培根、雞胸、水煮蛋、酪梨、細香蔥、藍乾酪和混有紅酒的油醋汁所組成，要將食材按列依次擺放擺盤，看起來會像彩虹一樣）
③蛋白質風／生菜漢堡（謹慎使用調味料，它們通常含有大量的糖）
④任何搭配蔬菜的肉類
⑤山羊起司沙拉

我通常會做被公認有些不拘一格的簡單午餐（但就是那麼簡單），包括2或3顆搭配鹽和胡椒的水煮蛋、0.5杯橄欖、1袋搭配油和醋的綜合綠色蔬菜，還有1或2片全脂起司。

晚餐

最可能會讓事情變得微妙複雜的是晚餐，這取決於每個人的個別情況和家庭生活，你可能會發現很難改變晚餐藉以納入胰島素增敏飲食。最大的障礙，主要在於你一般會和誰一起共享晚餐，你的家人（或室友、或伴侶）可能不想採取和你一樣的飲食方法，但你想要（而且應該）享受用餐

的社交時光；另一部分或許與你對可能在晚餐時食用的東西變得更加挑剔有關（註：此指如果要吃對飲食，我們必須對晚餐食用的東西要更加精挑細選，而這會讓你覺得麻煩）。

假設餐點的碳水化合物份量較多，你可以在進食前先喝些蘋果醋1杯水兌3湯匙蘋果醋。以下是一些對晚餐的建議：

①墨西哥沙拉（省略餅皮）
②炙烤鮭魚搭配蔬菜
③肉丸搭配蔬菜義大利麵
④烤培根雞肉捲搭配蔬菜
⑤焗烤起司花椰菜（註：原文的mac and cheese是焗烤通心粉的意思，此處應該是用「花椰菜〔飯〕」取代通心粉）
⑥櫛瓜麵或蔬菜麵條碗

甜點

甜點？沒錯！有了不會使胰島素和葡萄糖增加的甜味劑（例如甜菊、羅漢果萃取物、赤藻糖醇等等），你可以在不會使胰島素飆升的情況下享用甜點。話雖如此，這是會很容易失去控制的事，所以應該被視為偶一為之的「稀有事件」（最多1週1次），而非常態的飲食。

你可以試試：

①低碳水化合物冰淇淋、優格冰淇淋或雪酪（現在有比從前更多的低碳水冰淇淋品牌，例如Rebel，此外，你也可以投資一臺家用冰淇淋機自製冰淇淋）

②低碳水餅乾和英式鬆餅（和冰淇淋一樣，取決於你居住的區域有沒有專門製作這些產品的烘焙坊，例如Fat Snax及更多）

  截至目前為止，你已經學到足夠多關於如何為與胰島素阻抗戰鬥做出計畫並付諸實行。不要依賴舊有的做事方法，持續不斷地承受飢餓感或對每一分熱量感到擔憂，都是沒有必要的。仔細檢查你吃的食物、何時進食和你的運動方式以達到降低胰島素的最佳效果，能預防或甚至逆轉胰島素阻抗，同時能一併解決胰島素阻抗導致的無數健康問題。

  時刻考量胰島素的生活可能看起來有些古怪，而你的某些作為在家人和朋友眼中可能並不尋常，但是數十年的科學研究是站在你這邊的。當談到健康以及我們對長壽而健康的生活所做的努力時，是時候讓研究資料而非教條來支配我們的決定了。

結　語
採取行動的時刻到了

　　從統計學上來說，你或你所愛的人都有胰島素阻抗，如果目前還沒有，那也快了——**胰島素阻抗是全球大多數國家成人、甚至可能是兒童最常見的疾患**。你可能不知道自己的情況如何，但如果你懷疑自己患有胰島素阻抗或即將發生這個問題，不要遲疑，立刻做出改變吧，千萬別等到你體重增加、血壓升高，又或者被診斷出初期阿茲海默症、多囊性卵巢症候群、勃起障礙、糖尿病、骨質疏鬆或更多疾病。如果你擔心自己有這些慢性疾病的家族病史，那麼，你會知道自己正透過讓胰島素保持在低濃度、同時讓你的身體對胰島素極為敏感的生活方式，來竭盡所能地預防疾病發生。閱讀並瞭解像本書這樣的書籍是件好事，但你需要將獲得的新知識轉化為行動。現在就開始吧！

①吃好一點！從明天開始（還有此後的每一天）改變你的早餐。如果不是斷食到過了早餐時間，就是早餐避免糖和精製澱粉，改為攝取來自真正食物的脂肪和蛋白質。如果力所能及，也要改變其他頓餐食。

②測量你的胰島素濃度！大多數診所可以測量胰島素，而線上血液檢驗申請也讓這件事變得更簡單。如果你的空腹胰島素濃度高於6微單位／毫升，那你就需要做出改變。如果你的門診醫師同意，請更進一步測量口服葡萄糖耐量試驗期間的胰島素濃度。

③尋求幫助！和你的醫生分享本書中提到的一些相關研究（醫生對於胰島素阻抗的瞭解可能跟你一樣少）。你可以更進一步把家人和朋友都拉進來，教導他們你所學到的胰島素阻抗影響可能有多嚴重、它如何發生以及你們能做些什麼。別忘了，統計學顯示你的親朋好友可能也患有、或快要罹患胰島素阻抗。

④時刻瞭解狀況！做為一名科學家，我醉心於透過我自己和其他人的實驗，還有已出版的發現來學習更多關於胰島素阻抗的資訊。你可以在X（@BenBikmanPhD）、臉書（@BenjaminBikman）和Instagram（@benbikmanphd）上找到我，來輕鬆地追蹤最新發表的文獻。

　　藉由瞭解胰島素阻抗是許多的慢性疾病的共同根源，我希望你能感受到自己有能力做出簡單的生活改變，幫助降低所有疾病風險。因為你確實能採取一些行動，你的生活方式，再加上個人的優勢與劣勢、遺傳和所處的環境，都是造成你目前狀況的重要因素，如果你有正確執行這些改變，便可以達成你想要的目標。

　　和胰島素阻抗戰鬥吧！

附　錄　A
每日運動計畫

以下是一個初始鍛鍊計畫，這個計畫並不是一成不變的，而是可以在你對重量訓練和其中的一系列運動有更多認識後量身訂做。每一種運動進行2～4組，每一組都做到無法繼續（或非常接近無法繼續），這通常會發生在每組動件重複8～20次左右。

如果你不熟悉某些運動的名稱，只需上網搜尋就能找到動作。還有，為了單純化，我也納入了一些「健身操」選項──需用體重做為阻力就能進行鍛鍊的運動。

線上資源

關於體重強度訓練，我建議可以看看傑瑞・特謝拉的YouTube頻道：只利用你的體重做為阻力的免費線上訓練影片：https://www.youtube.com/JerryTeixeira。

星期一：推拉練腿日

除了腿部肌肉外，本日將強化你身體的背部，包括下背部、臀部和大腿後側的膕旁肌。

重量訓練	健身操
①硬舉	①橋式
②直腿硬舉	②自重單腳硬舉
③後跨弓箭步	③自然抬臀蜷曲

將重點放在大塊的牽引肌肉之後，用專注鍛鍊小腿肌肉做為結束。

重量訓練	健身操
①直腿推蹬	腳姿靜態小腿推蹬
②坐姿提踵	

星期二：推動上肢日

本日的鍛鍊重心在胸部和肩部。

一定要從胸部的鍛鍊開始，然後進展到肩部（所有的胸部運動都需要肩部的參與）。如果你從肩部開始，它們會變成你的弱點，而你的胸部就會處於「未鍛鍊」的狀態。

重量訓練	健身操
①啞鈴仰臥推舉	①偽俄式伏地挺身
②啞鈴飛鳥	②偽俄式挺身
③伏地挺身	③牆倒立（可加做或不加伏地挺身）
	④寬距伏地挺身（可加上或不加靜止動作）

胸部鍛鍊完成後，以肩部鍛鍊結束：

①站姿啞鈴單臂肩部推舉
②站姿槓鈴肩推
③阿諾肩推（Arnold Press）

星期三：有氧運動和腹部日

本日可以進行整體恢復，同時在可能的範圍之內，進行20分鐘的高強度間歇有氧運動（例如間歇跑或騎腳踏車），最後，再搭配一系列的腹部運動。

關於腹部鍛鍊，這裡有一個注意事項，那就是：慢慢來。請避開快速完成動作的誘惑，反而要將動作放慢進行，在整個動作過程中，請用力收縮腹部。

在任何時候，請都都不要放鬆你的腹部，這有助於讓你的下背部和長凳／地面間絕對不會出現任何空隙。除此之外，在腹部收縮到極限時，記得要用力吐氣。

一樣做到無法繼續為止，不過可能需要重複大約20次。

重量訓練／健身操
①空中腳踏車
②抬腿
③仰臥觸踝

請記住，腹部鍛鍊要慢慢來；姿勢比總重複次數更重要。

星期四：推動練腿日

這是重要的一天，強化能讓你可以四處活動（包括奔跑、甚至只是從地上或坐姿站起來）的肌肉。

重量訓練	健身操
①深蹲	①舉臂單腿深蹲（加上或不加靠牆輔助）
②舉臂單腿深蹲	②跳箱
③弓箭步	③單腿弓箭步下蹲
④踏步	④站姿靜態小腿推蹬

和推拉練腿日一樣，花一點時間強化你的小腿做為結束。

①直腿推蹬
②坐姿提踵

星期五：推拉上肢日

這些運動的目標是你的背部，牽涉到兩種方式的拉伸動作：一個是將手臂高舉過頭的拉伸，這樣是讓你的雙手向肩部方向移動；另一個是手臂在前方的拉伸，這樣能讓你的雙手向身體方向移動。

重量訓練	健身操
①引體向上（藉由使用負重輔助器械練習真正的引體向上）	①任何引體向上的變化式（寬握引體向上、窄手引體向上、拉弓式引體向上等等；整個過程要保持挺胸）
②俯身槓鈴划船	②前水平（從彎膝的姿勢開始，再進展到將腿打直）

重量訓練	健身操
③滑輪下拉	
④單臂啞鈴划船	

星期六：有氧運動和腹部日

重複星期三的鍛鍊。

附錄 B
擴充食物列表

以下是更完整的、有助於控制胰島素的聰明食物列表（感謝www.ruled.me和胰島素IQ提供的資源）。

控制胰島素的各種食物列表

可以吃到滿足為止的胰島素友善選擇：

脂肪和油脂	● 酪梨油　　　　● 印度酥油　　　　　● 椰子油 ● 魚油　　　　　● 特級初榨橄欖油　● 豬油或粗煉的動物脂肪 ● 中鏈脂肪酸油（MCT油）
乳製品 對乳製品敏感者請限制攝入	● 奶油　　　　　　　● 起司（未加工的）　● 茅屋起司 ● 希臘優格（全脂）　● 奶油起司　　　　　● 重乳脂鮮奶油
蛋白質	● 所有的肉類（牛肉、羊肉和野味）：如果可以，選擇草飼的 ● 魚和海鮮：選擇野外捕獲，避免養殖的 ● 所有的禽肉類（雞肉、火雞肉及其他禽類）：如果可以，選擇經過巴氏消毒的 ● 蛋：選擇經巴氏消毒的，並且食用蛋黃 ● 豆腐和天貝：如果你是素食者或純素飲食者

胰島素的友善選擇：

蔬菜和水果 目標放在生長在地面以上者	● 朝鮮薊芯　　　　● 蘆筍　　　　　　● 酪梨 ● 竹筍　　　　　　● 小白菜　　　　　● 西洋芹 ● 小黃瓜　　　　　● 豆薯　　　　　　● 韭蔥 ● 檸檬　　　　　　● 萊姆　　　　　　● 蕈菇類 ● 橄欖　　　　　　● 洋蔥　　　　　　● 小蘿蔔 ● 西瓜　　　　　　● 椒（甜椒、墨西哥辣椒等） ● 綠色葉菜（芝麻菜、瑞士甜菜、生菜、菠菜等） ● 所有香草和香料（羅勒、芫荽、荷蘭芹、迷迭香、百里香等）
發酵食品	● 蘋果醋　　　　　● 韓式泡菜　　　　● 酸黃瓜 ● 酸種麵團麵包（成分表中有「酸種麵團起種」標示） ● 德國酸菜
飲品	● 康普茶　　　　　● 無糖的堅果和種籽奶（杏仁奶、椰奶） ● 茶　　　　　　　● 咖啡：黑咖啡或搭配鮮奶油 ● 氣泡水：加入檸檬、萊姆或蘋果醋
調味料以及甜味劑	● 美乃滋（全脂）　● 無糖沙拉醬 ● 無熱量人工甜味劑（赤藻糖醇、甜菊糖、羅漢果糖、木糖醇）

每日限制在2份或以下：

堅果、種籽及豆科植物	● 杏仁　　　　　　● 花生　　　　　　● 杏仁粉和椰子粉 ● 胡桃　　　　　　● 亞麻籽　　　　　● 松子 ● 榛果　　　　　　● 南瓜籽　　　　　● 夏威夷豆 ● 堅果醬　　　　　● 葵花籽　　　　　● 核桃
蛋白質	● 發酵大豆製品　　● 無添加防腐劑或澱粉的培根 ● 蛋白粉營養補充品
蔬菜、水果和穀類	● 珍珠大麥　　　　● 花椰菜　　　　　● 毛豆 ● 豆芽　　　　　　● 茄子　　　　　　● 羽衣甘藍 ● 青花菜　　　　　● 高麗菜　　　　　● 甜豆 ● 莓果類（黑莓、藍莓、蔓越莓、覆盆子、草莓）
飲品	● 全脂牛奶 ● 添加零熱量甜味劑的風味飲（Bai加味水、Zevia零熱量蘇打水） ● 酒精性飲料（含量4克／公升以下的酒〔dry wines〕；透明、無色的烈酒〔註：clear alcohol不確定是什麼酒，可能是未經長時間陳釀或橡木桶存放的蒸餾酒，例如伏特加、龍舌蘭、琴酒〕；像是百威的Michelob Ultra和Select 55等低碳水化合物啤酒）

| 調味料以及甜味劑 | ● 希臘優格沾醬
● 鷹嘴豆泥 | ● 含有二種或以下碳水化合物或澱粉的沙拉醬
● 糖醇類甜味劑（麥芽糖醇、山梨糖醇） |

每日限制在2份或以下：

脂肪和油脂	● 芥花籽油 ● 花生油	● 大豆油 ● 反式脂肪	● 人造奶油
乳製品 忌低脂的	● 煉乳	● 脫脂或低脂牛奶	● 高含糖量的冰淇淋
蛋白質	● 避免任何沾裹麵包屑或搭配含糖醬汁上菜的蛋白質		
蔬菜、水果和穀類	● 蘋果 ● 水果罐頭 ● 葡萄柚 ● 芒果 ● 柳橙 ● 大蕉	● 杏桃 ● 櫻桃 ● 葡萄 ● 甜瓜 ● 水蜜桃 ● 葡萄乾	● 香蕉 ● 椰棗 ● 果醬、果凍及蜜餞 ● 柳橙 ● 梨
飲品	● 果汁 ● 酒精飲料（大部分的啤酒、甜酒、調酒和雞尾酒）	● 運動飲料	● 汽水，包括無糖汽水
調味料以及甜味劑	● 龍舌蘭蜜 ● 楓糖漿 ● 糖（白糖和紅糖）	● 蜂蜜 ● 三氯蔗糖 ● 玉米糖漿及高果糖玉米糖漿	● 阿斯巴甜 ● 果糖

線上資源

● www.ruled.me：生酮飲食的建議與食譜

● www.dietdoctor.com：低碳水化合物和生酮飲食的建議與食譜

健康 Smile
109

健康 Smile
109